火电厂热力设备内部泄漏故障诊断研究

李录平　黄章俊
吴　昊　刘　洋　著

科学出版社
北　京

内 容 简 介

本书论述包括高温高压阀门、表面式换热器在内的火电厂热力设备内部泄漏故障产生的原因与机理，内部泄漏故障检测与诊断的基本理论、基本方法和基本技术。

第1章介绍火电厂热力设备内漏现象及其原因，内漏对设备造成的影响，内漏故障检测的基本方法。第2章叙述缝隙流动的数学描述方法，通过数值模拟方法研究缝隙流动的基本规律。第3章阐述内部泄漏过程声发射机理及其声发射信号的定量特征。第4章和第5章用实验室方法分别研究表面式换热器和阀门内漏故障的声发射诊断策略及技术。第6章和第7章探索火电厂中广泛使用的疏水关断类阀门的内部泄漏故障的诊断问题，提出一种基于疏水管道温度检测的疏水关断类阀门内漏故障诊断方法，并阐述诊断的标准。

本书可作为从事火力发电厂设计、研究开发、设备制造、工程建设、运行管理等方面理论研究和技术开发工作的技术人员的参考书，也可作为能源动力工程、机械工程、检测技术等专业研究生和本科生的学习参考教材。

图书在版编目(CIP)数据

火电厂热力设备内部泄漏故障诊断研究/李录平等著. —北京：科学出版社，2016.8

ISBN 978-7-03-049731-4

Ⅰ.①火… Ⅱ.①李… Ⅲ.①火电厂-热力系统-泄漏故障-故障诊断-研究 Ⅳ.①TM621.4

中国版本图书馆CIP数据核字(2016)第206490号

责任编辑：耿建业 陈构洪 邢宝钦 / 责任校对：蒋 萍

责任印制：张 伟 / 封面设计：铭轩堂

科 学 出 版 社 出版

北京东黄城根北街16号

邮政编码：100717

http://www.sciencep.com

北京凌奇印刷有限责任公司印刷

科学出版社发行 各地新华书店经销

*

2016年8月第 一 版 开本：720×1000 B5

2016年8月第一次印刷 印张：11 1/2

字数：218 000

POD定价： 96.00元

(如有印装质量问题，我社负责调换)

前　言

众所周知，火电厂中高温高压热力设备一旦发生泄漏，可在短时间内造成设备损坏，对设备的安全运行构成严重威胁，甚至危及人身安全；设备泄漏还会产生能量损失，降低火力发电机组的效率。如果能早期诊断出设备的泄漏状态，则一方面可以及时对热力设备采取适当的维修措施，减少维修费用和改善操作性能；另一方面，可有效防止电厂事故的扩大，提高火电厂运行的安全性和经济性。

热力设备的泄漏有内漏与外漏之分。

热力设备的内漏是指设备的内部工作介质通过内部不严密处由高压侧向低压侧的泄漏。例如，表面式换热器的管内介质向壳侧泄漏，或壳侧介质向管内泄漏；关闭的阀门，其中的工作介质通过阀芯不严密处由高压侧向低压侧泄漏。内漏不污染环境，但会造成系统效率下降，严重时会影响到系统的正常工作。

热力设备的外漏就是指设备内的高压工作介质穿过设备的壳体漏到系统外面。例如，表面式换热器的外壳破裂，工作介质向大气环境泄漏；阀门的外壳破损，高压（高于大气压力）介质向大气环境泄漏。外漏不但污染环境，还会造成系统效率下降，严重时会影响到系统的正常工作，甚至严重影响人身设备安全。

热力设备的外漏故障容易检测与诊断。而内漏故障，由于发生在设备的内部，看不见摸不着，在高温、高压、高背景噪声环境下，检测与诊断的难度很大。本书只针对热力设备的内漏问题开展研究。

本书作者所在研究团队根据工程实际的需要，对火电厂热力设备的内漏故障开展了多年的理论、实验室实验和工程试验研究，现将近几年的研究结果整理成书，向同行专家和工程技术人员做汇报，希望起到抛砖引玉的作用。

本书由长沙理工大学李录平、黄章俊、吴昊、刘洋共同完成，其中第 1 章、第 3 章由李录平执笔，第 2 章、第 4 章由李录平和吴昊共同执笔，第 5 章由李录平和黄章俊共同执笔，第 6 章由刘洋和黄章俊共同执笔，第 7 章由李录平和黄章俊共同执笔，全书由李录平统稿。

在本书相关内容的研究过程中，得到了湖南鸿远高压阀门有限公司、大唐华银金竹山电厂、大唐湘潭发电有限责任公司、长沙市能源局的大力支持。作者所在团队的研究生张晓、高倩霞、杨晶、刘功春、吴丰玲为本书相关章节中的实验室实验、现场试验、数据整理和理论计算做了大量有益的、卓有成效的工作。在此，对为本书撰写提供支持和帮助的单位和个人表示诚挚的谢意！

由于作者的学识水平和工程实际经验有限，书中难免出现不足和疏漏以及某些论述不当之处，本书的内容体系也不够完整，恳请同行专家和读者批评指正。

作　者

2016 年 6 月

目　　录

第1章　绪　　论

1.1　火电厂热力设备内漏现象及其原因分析

1.1.1　热力设备的内漏与外漏

热力设备的泄漏有内漏与外漏之分。

热力设备内漏是指设备的内部工作介质通过内部不严密处由高压侧向低压侧的泄漏。例如，表面式换热器的管内介质向壳侧泄漏，或壳侧介质向管内泄漏；关闭的阀门，其中的工作介质通过阀芯不严密处由高压侧向低压侧泄漏。内漏不污染环境，但会造成系统效率下降，严重时会影响到系统的正常工作。

热力设备外漏是指设备内的高压工作介质穿过设备的壳体漏到系统外面。例如，表面式换热器的外壳破裂，工作介质向大气环境泄漏；阀门的外壳破损，高压（高于大气压力）介质向大气环境泄漏。外漏不但污染环境，还会造成系统效率下降，严重时会影响到系统的正常工作，甚至严重影响人身设备安全。

热力设备的外漏故障容易检测与诊断。而内漏故障，由于发生在设备的内部，看不见摸不着，在高温、高压、高背景噪声环境下，检测与诊断的难度很大。本书只针对热力设备的内漏问题开展研究。

1.1.2　换热器内漏的基本原因

火电厂换热器分为混合式换热器和表面式换热器两类。其中，混合式换热器内没有换热管，多股不同压力、温度的介质通过不同管道流入换热器，这些介质在换热器内部充分混合实现热量交换，混合均匀后从一根或多根管道流出换热器。因此，混合式换热器不存在内部泄漏问题。表面式换热器中，进入换热器中的被冷却介质与被加热介质不进行混合，两者之间通过换热器中的管束进行热量交换。管道外与管道内的介质不但温度存在差异，压力存在差异，甚至相态也不相同。所以，这类换热器可能存在内部泄漏问题。本书讨论的换热器内漏问题，就是指表面式换热器的内部泄漏问题。

以火电厂大容量机组的高压加热器为例来说明表面式换热器结构及工作原理[1]，图 1.1 为加热器的外形照片①(其中，图 1.1(a)为高压加热器外形，图 1.1(b)为加热器内部管束)，图 1.2 为高压加热器的结构示意，回热系统的低压加热器与高压加热器的内部结构基本相似。现代火电厂大容量机组表面式回热加热器的传热过程可分为三段，即蒸汽冷却段、凝结段、疏水冷却段。

(a)

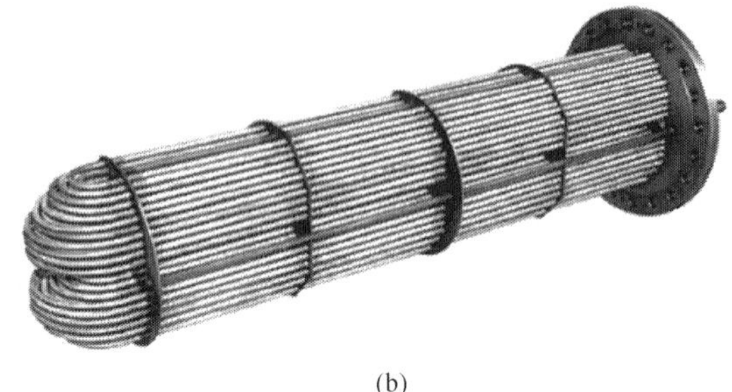
(b)

图 1.1　火电厂高压加热器外形

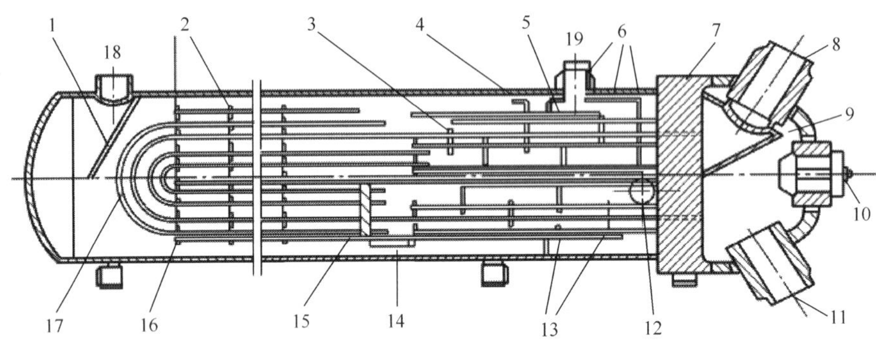

图 1.2　高压加热器结构示意图

1-防冲板；2-隔板；3-过热蒸汽冷却段隔板；4-管束护环；5-防冲板；6-遮热板；7-管板；8-给水出口；9-分流隔板；10-密封入孔；11-给水进口；12-疏水出口；13-疏水冷却段隔板；14-疏水冷却进口；15-疏水冷却段端板；16-拉杆；17-传热管；18-疏水进口接管；19-蒸汽接管

从图 1.2 可知，火电机组高压加热器的水室与管板直接焊接，水室设置入孔，给水进、出口接管与外部管道相连接。蒸汽进入过热蒸汽冷却包壳，经隔板多次导流流出至凝结段，在壳体内蒸汽首先从水平方向流入尾部，然后在整个凝结段上从上向下流动，在这个过程中蒸汽向给水放热并凝结，这自上向下

① 本章中的图均来自互联网，本书作者对原图的作者致以谢意。

蒸汽流动方向与凝结疏水方向一致，将有利于传热，同时每块隔板均包含了全部的管子，这能够增强管束的刚性。

疏水聚集在壳体下部形成水位，它经过吸水口从上进入虹吸式疏水冷却段，经隔板导向转弯流动，被冷却成过冷疏水流出。设置在高压加热器尾部的上级疏水进口，引导上级加热器的疏水由上向下进入壳体内，斜置的防冲挡板阻挡疏水以保护管子。在过热蒸汽冷却段以后位置的壳体处装有不锈钢保护环，当必须拆卸壳体时，可在此处切割壳体而不导致割坏管子。高压加热器在管板处装设固定支座，中部和尾部各设滚动支座，支撑在导轨上，在切割壳体以后可以退出壳体。

火电厂表面式换热器中换热管内部泄漏的主要原因如下。

(1) 设计缺陷引起的泄漏。蒸汽入口处蒸汽流速太高，过热段蒸汽通道取得过小，也会使横向冲刷管束的蒸汽流速过高，造成管束振动性破坏。根据涡流脱落原理，此种破坏仅在流体开始进入管束的两三排管子上发生，不会深入管束的密集空间内部，因而火电厂回热系统高压加热器(简称“高加”)一般是在过热蒸汽冷却段(器)的蒸汽进口和疏水冷却段(器)的疏水进口区域发生管子破坏。有专家认为，若碳钢管高加疏水冷却段进口部位运行或系统设计不当，凝结水扩容蒸发成汽时，则会发生侵蚀和(或)疲劳式的腐蚀。若注意设置排放空汽管和满足水处理的要求，则可避免这种情况，但有专家对这种结论持不同意见。

另外，若过热段蒸汽出口传热管壁温低于进汽压力下的饱和蒸汽温度，则容易在过热段形成汽水两相流动，使传热管遭受汽水冲蚀，振动加剧，导致爆管。

在实际的生产应用中，换热器所处的工作环境十分恶劣，特别是回热系统的高压加热器，其换热管内给水压力是整个机组的工质压力最高点，所以，换热管道特别是高压加热器的换热管道发生泄漏的现象时有发生。泄漏的原因主要有：热应力过大、冲刷侵蚀、换热管振动、设计制造缺陷带来的强力装配等。

(2) 运行过程中的热应力作用。热应力是指由于构件受热不均匀而存在温差，构件各处膨胀变形或收缩变形不一致，相互约束而产生的内应力。当热应力达到相当数值时，会使设备产生塑性变形或蠕变，最后形成热疲劳裂纹(图 1.3)，甚至使换热管爆裂(图 1.4)，从而导致构件失效。

在运行过程中，由于换热管内外冷热流体温度不同，壳体和管壁的温度互有差异。这种差异使壳体和管子的热膨胀不同，当温差较大时，就有可能将管

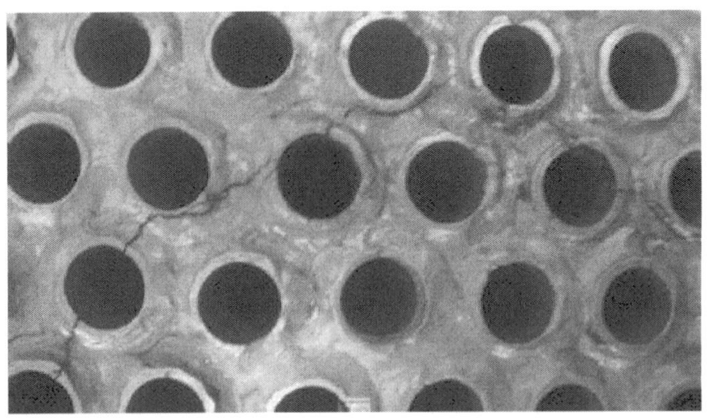

图 1.3 换热器管板上产生的裂纹

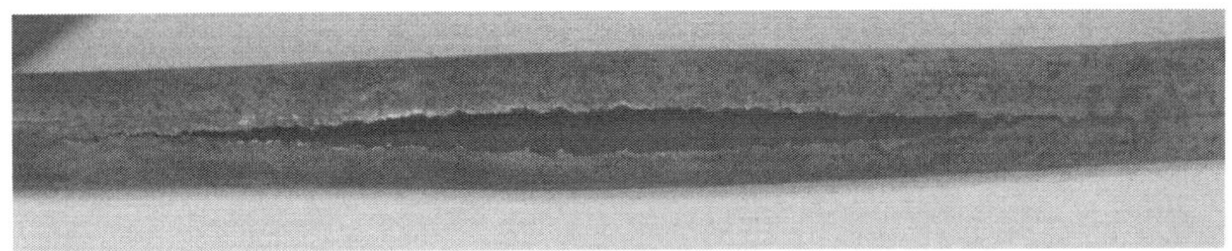

图 1.4 换热管爆裂

子扭弯，或将管子从管板上拉松，甚至毁坏整个换热器。对此，必须在结构上考虑热膨胀的影响。若换热器在启停过程中温升率或温降率超过规定，使换热器的管子和管板受到较大的热应力，使焊缝或胀接处发生损坏，则引起端口泄漏；若汽侧停止供汽速度过快，或汽侧停止供汽而水侧仍然继续给水，则因管子管壁薄收缩快，管板厚收缩慢，常导致管板与管子的焊缝或胀接处损坏。

(3) 冲刷侵蚀作用。当加热蒸汽的流速较高且汽流中含有较大的水滴时，管子外壁受汽水两相流长时间的冲刷而变薄，发生穿孔或受给水的压力而鼓破，见图 1.5。

(4) 管子振动。给水温度过低或机组超负荷等情况下，通过换热器管子间蒸汽流量和流速超过设计值较多时，具有一定弹性的管束在壳侧流体扰动力的作用下会产生振动，当激振力的频率与管束自然振动频率或其倍数相吻合时，将引起管束共振，使振幅大大增加，导致管子与管板的连接处受到反复作用力，造成管束损坏。管束振动损坏的机理一般有：由于振动，管子或管子与管板连接处的应力超过材料的疲劳极限，管子疲劳断裂；振动的管子在支撑隔板的管孔中与隔板金属发生摩擦，使管壁变薄(图 1.6)，最后导致破裂；当

图 1.5 换热管因冲刷造成的损伤

振动幅度较大时，在跨度的中间位置相邻的管子会相互摩擦，使管子磨损或疲劳断裂。

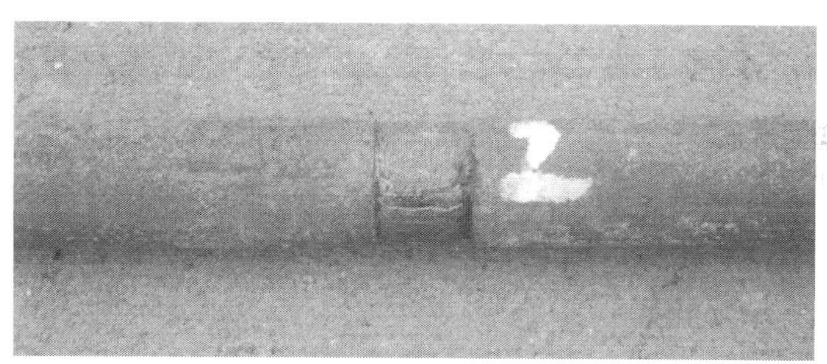

图 1.6 换热管与隔板振动摩擦导致管壁变薄

(5) 运行过程中的腐蚀。例如，某电厂 2 号机组在投产 10 个月后，发现高压加热器换热盘管的进水口附近发生了严重的腐蚀减薄泄漏，致使高压加热器不能正常投运。通过检查发现高加发生泄漏的部位集中在凝结水冷却区 14 排和蒸汽凝结区下部 36 排盘香管接供水联箱的部位(图 1.7 左侧)，通过对该机组三台高加盘香管全面测厚检查以及割管检查，发现此区域的弯管从联箱焊口到其后约 150mm 的长度内均存在腐蚀减薄，管壁内侧有腐蚀麻坑(图 1.7 右侧)。

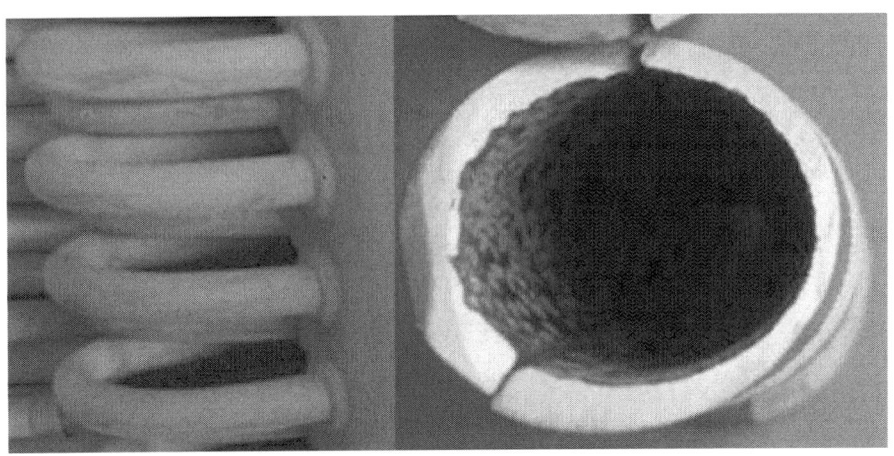

图 1.7 高压加热器换热管因腐蚀导致的厚度减薄

(6) 制造、检修中的缺陷带来的强力装配。换热器在制造过程中容易出现诸多问题，如划伤管子；管端焊不合格；强力装配。尤其在传热管装配时，折流板缺口处不经打磨，造成传热管纵向划痕。这些都可能引起换热管在运行时发生泄漏。

强力装配造成传热管在隔板管孔处受到损伤，一般情况下，此处最容易爆管。因为支撑隔板和导流隔板上的管孔与管子有一定的间隙，为便于穿管装配，此间隙不能太小。当振动发生时，管子与孔壁产生摩擦与撞击，结果是管子磨薄，管孔扩大。实际上，隔板的孔间距及隔板装配位置总有一定的误差，所以有一部分传热管在隔板孔里的位置会偏离中心点，甚至与孔壁相碰，这时即使无大振幅的振动，宽频带的小振幅振动也会导致管壁与孔壁的磨损。强力装配造成管子与孔壁间的挤压，加剧了管壁与孔壁间的磨损。

1.1.3 阀门内漏的基本原因

阀门是蒸汽动力发电厂热力系统中不可缺少的流体控制设备，在电厂热力系统事故中，有相当部分是由阀门所引发的故障。阀门内漏，导致汽水损失，锅炉补给水量就要增加，相对所消耗的燃料量也要增多，同时阀门内漏腐蚀将使阀门寿命降低，损坏过快，影响发电企业的经济效益。随着蒸汽参数的提高(主要指蒸汽的压力和温度)和蒸发量的增大，热力系统中已较多地使用高温高压阀门，这就对阀门的要求越来越高。蒸汽动力发电厂阀门在运行中要经受各种恶劣环境如高温、高压、磨损和腐蚀等的影响，这些恶劣环境对阀门部件可造成轻微损伤，严重时会产生严重的泄漏。在火电厂的阀门中，截止阀（图 1.8）在机组正常运行时处于关闭状态，一旦泄漏会产生严重后果。

图 1.8 火电厂疏水截止阀

阀门泄漏的常见原因如下。

（1）阀门本身存在质量问题。阀门自身质量问题，一部分为表面，另一部分为内在，阀门因为要控制管道系统中的流体，所以其密封的部位较多，在安装前，阀门外表上有质量问题，如表面伤痕、破裂、生锈及法兰变形等，都可以用肉眼分辨，因而能及时进行处理。但其内在的质量问题则很难发现，这也是阀门泄漏的主要原因，如内部的砂眼、夹渣、气泡、焊接缺陷，或材料选择不当、设计不合理、热处理不当、连接不牢等问题。这些问题会导致阀门在流体的作用下过早地损坏或发生渗漏。

（2）内部介质的冲蚀引起密封面破坏。阀门在使用过程中，其内部介质在管道内流动时会对阀门的密封面产生冲蚀（图 1.9）和汽蚀（图 1.10）的作用，在介质不停冲蚀和汽蚀下，阀门的密封面很容易发生局部损坏，同时再加上化学的侵蚀作用，综合作用于密封面，从而导致阀门极易在侵蚀作用下发生破坏，使其发生渗漏甚至报废。

（3）选型不当和操纵不良所引起的损坏。在对阀门进行选择时，要根据具体的工况进行选用，一旦选择不当，可能会存在封闭不严的情况，从而导致

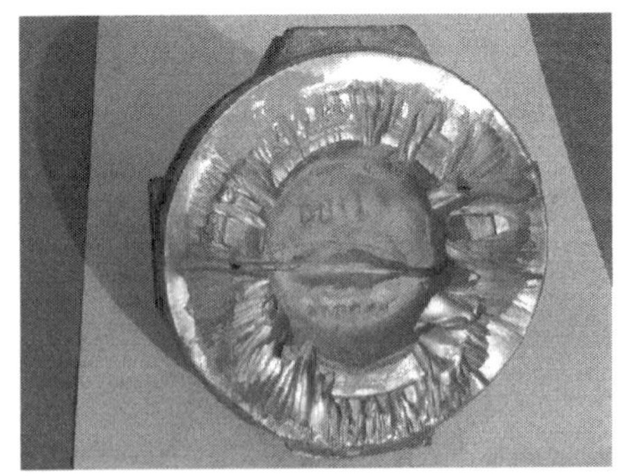

图 1.9　阀门部件的冲蚀损伤

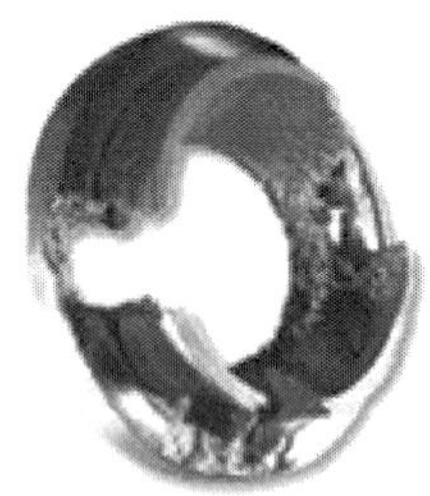

图 1.10　阀门部件的汽蚀损伤

内漏的发生;同时要区分开不同阀门之间的区别和功用,从而减少对密封面的冲蚀和磨损。另外,阀门在安装过程中,如果操作不规范,则安装中质量控制措施不力等也会造成阀门泄漏。维修时要严格预防沙子、焊渣和金属屑等进入阀腔内,这些杂质一旦进入阀腔内,则会对阀门的密封效果产生较为严重的影响。

(4) 设计和加工质量存在问题。阀门加工制造过程中,如果误差太大,阀板和阀座不同心,密封面没完全吻合,则会导致泄漏。而密封面加工不好,主要表现在密封面上有裂纹、气孔和夹碴等缺陷,是由堆焊和热处理选用不当或者堆焊和热处理操作不当引起的,选材错误或热处理不当会引起密封面硬度过高或过低,最终导致密封面硬度不匀、不耐侵蚀。阀板、阀座的密封面材质不符合使用要求,加工精度不够,闸阀的阀板、阀座的楔角不匹配,密封面宽窄不一,吻合度差,均会引发阀板不到位、阀门关不死等现象。

(5) 阀门关闭不及时。机组开机时,由于未及时关闭疏水阀门,高温高压介质在疏水阀门中流过,对阀门密封面冲击磨损力大;而介质速度过大易导致阀后压力过小,低于饱和压力,产生汽蚀。汽蚀过程中,气泡破裂时所有的能量集中在破裂点上,产生几千牛顿的冲击力,冲击波的压力高达2000MPa,大大超过了现有金属材料的疲劳破坏极限,即便是极硬的阀瓣和阀座也会在很短时间内遭到破坏,发生泄漏。

(6) 阀门开关过猛或关不到位。开关阀门时用力过猛,可造成“水击”现象,损坏阀门和管道,特别是两端压差较大的阀门直接开关,在高压冲击力的作用下,阀杆和阀瓣的连接易出现松动或脱落,造成阀门的损坏和内漏;而阀门关不到位,使阀门长时间在小开度状态下工作,流速过高,冲击力大,阀门密封面容易损坏。

1.2 热力设备内漏对安全性的影响

1.2.1 换热器内漏对安全性的影响

发电厂在运行过程中,加热器作为其中的一种辅助设备,一旦发生故障,一方面影响发电厂的经济性,另一方面对主机以及其他设备的安全运行构成直接的威胁,甚至在一定程度上对设备造成严重的损害。在电厂出现的各种故障中,加热器尤其是高加系统发生的故障仅次于锅炉爆管。根据统计资料显示,在给水加热器出现的各种故障中,所占比重最大的是管系泄漏。与汽侧压力相比,表面式回热加热器水侧压力往往比较大,一旦管系发生泄漏,在一定程度上导致给水冲入壳体,使得给水充满汽侧。在这种情况下,水将沿着抽汽管道倒灌入汽轮机,进一步导致汽轮机汽缸发生变形,甚至导致叶片发生断裂、转子弯曲等事故,直接威胁到发电机组的正常运行。

对高压加热器来说,通常情况下,是借助机组中间级后的抽汽,通过加热器传热管束,进而在一定程度上完成给水与抽汽之间的热交换,进一步对给水进行加热,同时提高给水温度,在日常运行中,这是提高发电厂经济性的重要举措。与汽侧压力相比,由于水侧压力比较高,当传热管束发生泄漏时,给水在水侧高压的影响下进入汽侧,进一步升高加水位,恶化传热过程。对机组来说,高压泄漏产生的影响如下[2]。

(1) 高压给水冲击泄漏管周围管束,进而增加泄漏管束,进一步恶化泄漏,在这种情况下,必须紧急解列高加进行处理。

(2) 与汽侧压力相比,由于水侧压力比较高,当高加水位急剧升高,而相对应的水位保护未动作时,在这种情况下,抽汽进口管道将会被水位淹没,直接导致蒸汽带水返回蒸汽管道，甚至进入中压缸，进而在一定程度上发生汽轮机水冲击事故。

(3) 降低给水温度，同时降低了主蒸汽压力。为了确保锅炉能够正常满足机组的负荷，通常情况下，需要增加相应的燃煤量，进一步增加风机出力，使得炉膛在一定程度上出现过热、汽温升高的现象。

(4) 汽轮机末几级蒸汽流量因高加泄漏而增大，焓降增大，影响末级叶片的安全。

(5) 当高压加热器发生泄漏时，导致高压加热器故障停运，原来本该进入高压加热器的那部分蒸汽继续留在高压汽缸内做功，使得推力增加，造成汽缸与转子间的胀差增大，影响机组的安全运行。

1.2.2 阀门内漏对安全性的影响

在蒸汽动力发电厂中，阀门内漏对机组的安全性造成如下影响[3]。

(1) 阀门内漏影响系统出力。有些系统再循环门内漏，会影响泵的出力，如凝结泵、给水泵等。

(2) 阀门内漏影响系统压力。油系统中冷油器排空门一般都接在回油管上，定期排空即可，如果内漏，相当于再循环，则自然会引起系统压力下降，影响汽机轴瓦的安全。

(3) 凝结水再循环门内漏可能污染水质。凝结水再循环一般设计为去凝补水箱，如果内漏，不仅影响凝结泵出力，在进行凝结水系统冲洗时，还有可能污染凝补水箱的水质。

(4) 如果主再热汽管道的疏水门内漏，运行中就会出现大量的高品质蒸汽漏入疏水箱，大量蒸汽通过扩容器排气管排入大气，不仅影响经济性，而且影响电厂形象。

(5) 如果抽汽或本体疏水系统的阀门内漏，则将会造成大量蒸汽短路，这部分蒸汽不做功，本身就是一个浪费，进入凝汽器又增加了凝汽器的热负荷和冷源损失，使凝汽器真空下降，发电热耗率增加，对热力系统经济性影响很大。

(6) 加热器事故疏水门内漏，疏水将会直接进入凝汽器，增加凝汽器负荷和冷源损失，与本体疏水门内漏影响相似。

(7) 阀门内漏后，小流量长期冲刷阀芯，会使阀门内漏增大，以至于无法控制，必须停机处理。

(8) 阀门内漏，可能会对管路弯头或扩容器等造成冲刷，严重时甚至引起机外管路爆管，造成机组非计划停运。

(9) 阀门内漏，还会严重影响机组补水率。

(10) 压力管道容器对外的排空门、放水门、疏水门内漏，将会产生很大的噪声污染，而且可能造成人身伤害。

1.3 热力设备内漏对经济性的影响

1.3.1 内漏对机组经济性影响定性分析

热力设备内部泄漏故障对机组经济性影响，需要从如下三个方面进行考虑[4]。

(1) 泄漏工质本身因未做功而导致能量损失。在蒸汽动力发电厂中，各类疏水系统、放水系统、主蒸汽和再热蒸汽旁路系统都可能与凝汽器相连，如果蒸汽通过这些系统的阀门泄漏至凝汽器，虽然工质本身得到了回收，但由于没有经过汽轮机的通流部分做功，导致能量损失。

(2) 泄漏工质因降低能量品质而导致能量损失。在蒸汽动力发电厂中，工质携带的能量既有数量的大小，又有品位的高低。例如，在回热系统中，若高压加热器中换热管存在泄漏，则加热器中的高压水从换热管中喷射出来，变成本级加热器的疏水，通过逐级自流进入下一级高压加热器，最后进入除氧器。进入除氧器的水因压力和温度均有所降低，能级降低，导致能量损失。

(3) 泄漏工质因热力系统循环偏离最佳工况造成能量损失。例如，如果回热系统的高压加热器泄漏导致其停运，则进入锅炉的给水温度明显降低，将使得工质在锅炉中的吸热平均温度降低，增大了动力循环在锅炉中传热温差，不可逆传热损失增加，降低了锅炉的㶲效率。又如，因泄漏导致高压加热器停运，将使得汽轮机的凝器流量增加，不但增加冷源损失，而且使汽轮机的通流部分偏离设计工况，导致汽轮机的内效率降低。

基于上述原因，蒸汽动力发电厂中的热力设备内漏势必导致机组的经济性下降。

1.3.2 内漏对机组经济性影响实例分析

下面以我国南方某火电厂的阀门泄漏导致的经济损失为例，来说明热力设备内漏对机组经济效益如何产生影响的。

在蒸汽动力火力发电厂，疏(放)水阀门几乎无处不在，只要是汽、水系统，几乎都有疏(放)水阀，该类阀门有如下特点：①一般都是截止阀；②运行中常处于关闭状态;③阀前后压差较大,运行中易泄漏;④系统中具有一定焓值的介质,一旦通过该阀门泄漏后即不再被利用,造成直接热损失。

1) 检测方法简介

该火力发电厂安装了2台国产300MW机组,2012年在额定参数工况下对机组的阀门泄漏状态进行了普查。普查采用温度检测与超声测漏方法结合的检漏方法,温度检测是通过被检测阀门温度与系统温度、环境温度及阀前后温度的关系,通过热平衡方法来判断其是否处于泄漏状态并进行定量热分析;超声检漏是对阀门密封面部位因泄漏而产生的超声波进行采集,并与阀前后管道的超声强度进行比较,以印证温度判断法的正确性。采用超声波检漏的方法对被检测阀门的泄漏情况给予定性的分析,并根据热平衡理论分析,进行定量分析,根据定量分析后按表1.1所示标准划分泄漏程度。

表1.1 阀门泄漏的定性判断标准

阀门通径 / 泄漏量/(t/h)	≤DN50	>DN50
微漏	≤0.1	≤0.5
泄漏	0.1~1.0	0.5~1.5
严重泄漏	≥1.0	≥1.5

2) 泄漏检测结果

1号机组阀门泄漏检测结果见表1.2。根据表1.2所示泄漏阀门的具体位置以及其各自的参数特点综合分析,以上阀门将给1号机组汽机系统共造成1.3580t/h的泄漏量,给1号机组锅炉系统共造成5.7993t/h的泄漏量。

表1.2 1号机组阀门泄漏情况统计

泄漏等级	汽轮机系统	锅炉系统
严重泄漏阀门	无	无
一般泄漏阀门	A汽泵再循环气动门; B汽泵再循环气动门	低压旁路减压阀; #1角下联箱排污手动总阀
微漏阀门	第五段抽汽逆止门后疏水手动门; 第六抽汽电动门后疏水电动门; 第六段抽汽逆止门后疏水手动门; 低压轴封调端进汽疏水手动门; 高中压轴封母管疏水门; 轴封溢流旁路疏水门	再热蒸汽出口对空排汽一次门; 再热蒸汽出口对空排汽二次门

2号机组阀门泄漏检测结果见表1.3。根据表1.3所示泄漏阀门的具体位置以及其各自的参数特点综合分析，以上阀门给2号机组汽机系统共造成1.2881t/h的泄漏量，给2号机组锅炉系统共造成0.8795t/h的泄漏量。

表1.3 2号机组阀门泄漏情况统计

泄漏等级	汽轮机系统	锅炉系统
严重泄漏阀门	无	＃1角下联箱排污手动门； ＃4角下联箱排污手动总门
一般泄漏阀门	B汽泵再循环气动门； ＃3高加启动疏水调节阀前隔离阀	＃1角下联箱排污母管疏水手动； ＃1角下联箱排污总二次门； ＃2角下联箱排污总二次门； ＃2角下联箱排污手动门； ＃2角下联箱排污总阀； ＃4角下联箱排污二次总门； ＃4角下联箱排污母管疏水一次门
微漏阀门	主蒸汽至轴封旁路电动门； 主蒸汽至轴封调整门前电动门； 第一段抽汽逆止门前疏水电动门； 第一段抽汽逆止门前疏水手动一次门； 第一段抽汽逆止门前疏水手动二次门； ＃2低压旁路减压阀	再热蒸汽出口对空排汽一次门； 再热蒸汽出口对空排汽二次门

3）阀门泄漏对机组供电煤耗的影响分析

为了更直观地显示火力发电企业疏排放系统阀门内漏给系统带来的损失，阀门内漏而造成的热损失换算成的标煤损耗，具体数据见表1.4。由此可见，阀门泄漏造成的经济损失不可忽视。

表1.4 阀门泄漏造成的能耗损失统计

机组	系统名称	泄漏量/(t/h)	煤耗/(t/d)	合计/(t/d)
1号	汽机系统	1.3580	1.0381	3.8915
	锅炉系统	0.8795	2.8534	
2号	汽机系统	1.2881	1.0219	6.4783
	锅炉系统	5.7993	5.4564	

1.4 热力设备内漏故障检测的基本方法

蒸汽动力发电厂的内漏检测是多领域、跨学科的课题，涉及流体力学、传热学、工程热力学、传感技术、微弱信号检测、信号处理、计算机技术、软件技术、网络技术等多个学科[5]。世界上对泄漏检测技术的研究虽然有较长历史，但发电厂热力设备运行在高温、高压、高流速、高噪声环境，使得至今没有一种权威通用并且简单可靠的内部泄漏检测方法和实用技术。特别是在内部泄漏故障发生的早期，微弱的泄漏信号被复杂的环境噪声所淹没，现场检测的难度非常大。所以，热力设备泄漏故障特别是早期泄漏故障的检测和泄漏点的定位，都是工程界致力于研究解决的重点和难点问题。同时，要保证热力设备的安全运行，不仅需要选择经济合适的泄漏检测方法，还需要从热力设备及系统的设计、安装与维护、日常运行管理等多方面加以重视，以最大程度地减小泄漏事故的发生。

1.4.1 热力设备内漏故障检测的特点、任务和要求

1) 热力设备内漏故障的特点

本书所讨论的热力设备内漏故障，主要是指蒸汽动力发电厂中的表面式加热器内部换热管破裂产生的泄漏，管道关断类阀门不能严密关闭产生的泄漏。热力设备的内部泄漏故障具有下列特点。

(1) 不可直观观察。上述泄漏发生在设备内部，设备的外表面难以直接观察到泄漏的征兆。

(2) 泄漏早期的故障信号难以识别。在蒸汽动力厂中，往往背景噪声大，热力设备的早期泄漏信号能量小，淹没在背景噪声中，难以提取有效的故障定量特征。

(3) 工质从漏口漏出时产生高速射流，该高速射流会产生切割作用，加速漏口附近零部件的损坏，使得故障进一步演变成事故，严重危及设备甚至人身安全。

(4) 需要在设备运行过程中进行泄漏检测。一旦设备停运，泄漏口内外的压差可能消失，泄漏现象也随之消失。

(5) 由于蒸汽动力发电厂对循环工质(水)的洁净度有很高要求，所以不能用掺混示踪剂的方法进行泄漏检测，否则会污染工质，危及设备安全。

基于上述原因，在泄漏检测领域被普遍采用的方法，往往不能用于发电厂

热力设备的内漏故障检测。例如，气泡检漏法、氦质谱检漏法、卤素检漏法、热导检漏法、压力变化检漏法、声波检漏法以及氨检漏法在其他领域的承压设备检漏中得到应用，但不能完全适应蒸汽动力发电厂中热力设备的内漏故障检测[6,7]。

2）热力设备内漏故障检测的任务

与其他承压设备泄漏检测一样，蒸汽动力发电厂热力设备内漏故障检测的基本任务如下。

（1）用适当的方法迅速判断热力设备是否发生内部泄漏。

（2）判断泄漏率，确定它是否在允许泄漏率范围之内。

（3）用适当的方法找出泄漏的确切位置，以便进行维修。

3）热力设备内漏故障检测的基本要求

工程中，对热力设备内部泄漏检漏方法主要有以下要求。

（1）检漏灵敏度高。在有些许泄漏时就有检测信号输出，泄漏量有很小变化时就有较大检测信号输出。

（2）反应时间短。在最短的时间内，正确地检测出泄漏，发出报警信号。

（3）能对漏孔进行定位和定量诊断。

（4）能无损检漏，即检漏不需要破坏被检设备原来的结构，也不致使被检件受到污染。

（5）稳定性好，即足够长的时间内灵敏度稳定可靠。

（6）检漏范围广，即从大漏到小漏都能检测。

（7）检漏仪器结构简单，启动快，操作维修方便。

4）热力设备内漏故障检测方法分类

对于蒸汽动力发电厂热力设备内部泄漏检漏技术的分类，现在没有统一的规定，根据检测过程中所使用的测量手段不同，分为基于硬件和软件的方法；根据测量分析的媒介不同，可分为直接检测法与间接检测法；根据检测过程中检测装置所处位置不同，可分为内部检测法与外部检测法；根据检测对象的不同，可分为检测设备管壁状况和检测内部流体状态的方法。

下面简单介绍可用于蒸汽动力发电厂热力设备内部泄漏检测的基本方法。

1.4.2 基于流量平衡的热力设备内漏检测方法

该方法也称为质量分析法，是一种最基本的检测方法。它需要建立热力设备及其与之相连的热力管道的物理模型，根据热力设备进出口管道流体的流量差来判断管道是否发生泄漏。这种方法简单直观、易于实现，但由于水、水蒸气流量测量的精度随温度以及压力等参数变化的影响较大，所以测量的准确度比较低，同时该方法需要在热力设备各进出口管道上安装高精度的流量计，成本较高，也不能实现泄漏位置的定位，对早期泄漏故障（渗漏阶段）的检测无能为力。

1.4.3 基于传热学的内漏检测方法

当热力设备正常运行不存在内部泄漏时，热力设备及其与之相连接的管道在与周围环境充分热交换后，形成一个正常状态下的温度场分布。如果热力设备产生内部泄漏，则设备与管道系统的流动状态发生改变，温度场也发生变化。根据这种温度场的变化情况，可以诊断出热力设备的泄漏故障。例如，火电厂的疏水系统阀门有泄漏时，管道内就有高于环境温度的工质流动，管内工质将通过管壁和保温层向外散热。由于散热，沿管长方向工质和管壁温度逐渐降低。在稳定泄漏工况下，沿管长方向的温度分布是一定的。通过技术手段检测出管长方向的温度分布，就可以实现在线阀门泄漏量的计算，对阀门泄漏状态进行自动诊断、记录和报警。

1.4.4 基于模型的热力设备内漏检测方法

基于模型的泄漏检测方法在流体输送管道系统泄漏检测方面应用广泛。将该方法应用于热力设备的泄漏检测，其基本方法是利用流体的质量、动量、能量守恒方程等建立热力设备及其管内流体动态模型，此模型与实际系统同步执行，定时采集热力设备及其管道上的一组实际值，如进出热力设备的压力和流量，运用这些测量值，由模型观测管道中流体的压力和流量值，然后将这些观测值与实测值作比较来检漏，若二者不一致，则说明热力设备中发生了泄漏。

基于管道模型的泄漏检测方法主要有：状态空间法、系统辨识法、瞬态模型和基于管道内体积或质量平衡法等方法。

1.4.5 基于信号处理的热力设备内漏检测方法

基于信号处理的方法无须建立热力设备数学模型，比较适合现场热力设备的泄漏诊断。信号处理的方法主要有负压波法、压力梯度法、声波检测方法和应力波检测方法。近年来，人们研究了基于数学分析的“软”方法，其中主要有相关分析法、时间序列分析法和小波变换法。

1）声波检测方法

通过测量流体泄漏时产生的噪声来进行管道、阀门检漏和定位，是目前广泛使用的方法，因为该方法具有明显的优越性。

（1）即便是无法直接接触的部位，也很容易采集到声音信号。

（2）相对于温度传感器和压力传感器获取的信号来说，声音信号提供了更全面、更高质量的信息。

（3）在线性系统中，声音波形含有叠加特性。这就是说，若同时有两处泄漏产生，则一路信号不会干扰另一路信号，两处故障可以各自独立地检测出来。

但是，当泄漏产生的声音信号在不同的媒体中传播或遇管壁反射时，许多与泄漏无关的声音信号会造成所需信号波形的失真。声学测量法又可以分为应力波（固体声波）法、超声波法和声发射法，其中基于应力波原理的相关检漏仪已广泛投入使用。

2）超声波法

泄漏噪声中含有超声波，测试此超声波可以发现远距离处的泄漏。由于声波的频率决定了声波的传播形式，低频信号倾向于球形传播，在各个方向上密度相等，而高频超声信号（理论上大于20kHz，实际上可定义为大于16kHz）则倾向于直线传播，这就是利用超声波检漏的简单原理。

3）声发射法

热力设备中的水流由小孔泄漏，在达到一定流量时，可在管壁中激发声发射波。泄漏的声发射信号是连续型信号，其值正比于泄漏速率，而泄漏速率与泄漏信号的均方根值的平方成正比。所以，可应用检测RMS值来检测泄漏。

声发射法是一种非侵入式的测试技术，响应的是动态事件，并且在安全方面也没有特殊的限制。但是，该方法的灵敏度在一定程度上受到背景噪声的限制。当有紊流存在时，检测结果的正确性也将受到一定的影响。

4）负压波法

当热力设备的管道上某一点发生泄漏时，该点压力突降，形成的负压力波将会以一定波速向上下游传播。负压力波的传播速度大致与声速相等。在上下游分别安装压力传感器，检测压力梯度或压力波的变化可判断泄漏是否发生。而通过负压力波传到上下游的时间差进行泄漏定位。

1.5 本章小结

蒸汽动力发电厂热力设备内部泄漏是常见故障。由于泄漏发生在设备的内部，设备外表面无法直观地观测到泄漏的发生。热力设备的内漏，不但造成严重的经济损失，而且会对设备造成安全隐患，危及机组的安全可靠运行。当前，虽然有多种方法和技术应用于热力设备内部泄漏检测，但由于热力设备本身的运行特点和环境影响，现有技术难以真正解决热力设备内部泄漏诊断问题。基于此原因，本书重点研究如下内容。

(1) 研究对象主要限定为蒸汽动力发电厂中的表面式回热加热器的内部泄漏和疏水系统关断类阀门内部泄漏问题。这两类设备的内部泄漏是发电厂热力设备内漏故障的多发设备，也是内漏故障检测难度大的设备。

(2) 针对蒸汽动力发电厂热力设备的工作特点，选定两种泄漏检测方法进行深入研究，即基于传热学模型的内漏检测方法和基于声发射检测的内漏检测方法。在研究实施过程中，既开展理论方面的研究，旨在建立泄漏故障与相关特征参数的定量关系；又开展实验研究和技术开发，力争做到理论研究与实验研究相结合，并开发出相应的工程应用技术。

参考文献

[1] 张晓. 基于声发射信号的加热器内部泄漏故障检测系统研究[D]. 长沙：长沙理工大学，2010.

[2] 杨晓东. 高压加热器泄漏原因分析及预防措施[J]. 能源与节能，2015，9：71-72.

[3] 畅海芳. 阀门内漏治理大有可为[J]. 电力安全技术，2009，11(5)：58-59.

[4] 王正勋，刘政. 火力发电厂阀门内漏的防治对策[J]. 经济研究导刊，2009，30：186-201.

[5] 吴昊，李录平，刘洋，等. 液体压力管道缝隙泄漏流场数值模拟[J]. 汽轮机技术，2014，56(6)：429-431.

[6] 王永涛，韩建，牟海维，等. 基于声谱分析的阀门内泄漏检测系统[J]. 大庆石油学院学报，2006，30(3)：72-73.

[7] 袁镇福，吴骅鸣，浦兴国，等. 基于传热原理的电厂阀门泄漏量计算方法[J]. 动力工程，2004，24(5)：725-728.

第 2 章　缝隙流动的数学描述与数值模拟

2.1　概　　述

蒸汽动力发电厂热力设备的内部泄漏过程非常复杂，其发生、发展的一系列过程影响因素很多，存在许多不确定性，且故障表现形式多样。因此，热力设备内部泄漏问题近年来已经成为本领域的重要课题，国内外的相关研究非常活跃。建立泄漏过程的数学模型，开展相关的理论分析与计算，是泄漏问题研究基础性问题，也是热点、难点问题。

热力设备内部泄漏的流动过程十分复杂。其一，漏缝的形状复杂。漏缝的形状既可能是狭长缝隙，又可能是矩形；既可能是直线型，又可能是曲线；既可能是单一漏缝，又可能是多条漏缝。其二，泄漏的工质状态复杂。既可能是单相流体，又可能是多相流体；既可能是有相变的过程，又可能是无相变的过程。其三，流动过程的边界条件十分复杂。既可能是自由射流，又可能是有阻碍射流。

本书主要研究热力设备内部泄漏故障的早期诊断问题。在泄漏的早期阶段，缝隙狭长，可将泄漏口视为长宽比很大的矩形。同时，主要研究高压液体介质（水）向压力较低的气体介质（蒸汽或空气）所在空间泄漏。因此，本章基于数值模拟技术，旨在建立液体压力管道狭缝泄漏的物理模型和数学模型，并以一根内部流过压力水的换热管道缝隙泄漏问题为研究对象，模拟换热管在不同入口压力条件下的管内和管道缝隙处流体的流动情况。经过对模拟数据的分析研究，找到不同压力入口条件下泄漏速度、泄漏量和缝隙处滞止压力的变化规律，为开发管道泄漏检测技术提供理论和计算依据。

限于篇幅，本章主要讨论蒸汽动力发电厂中广泛使用的表面式回热加热器内部传热管泄漏的数值模拟问题。

2.2　缝隙射流基本理论

2.2.1　缝隙射流及其动能计算

当流体在压差作用下从缝隙处向外喷射，喷射流体不受限制地自由流入静止流体中时，会形成一股有界面的流动，我们将其称为缝隙射流。在工程实践中，缝隙射流主要以紊流的平面射流形式存在。

经过实验验证，发现缝隙射流流场中存在一段速度持续保持出口速度相同的区域，我们将其称为射流核心区[1]。射流区域与周围静止流体区域之间存在一个间断面，间断面为射流边界与周围静止流体的交界面，因为射流与周围流体的速度差别很大，在黏性作用下这个面上会形成大量的漩涡微团，使射流与周围流体进行动量以及质量交换，这个过程主要是通过卷吸作用实现的。射流流场速度分布与层流流动相似，在同一流动截面上越靠近流动中心处流速越大，越远离中心线流速越小。随着射流向下游不断迁移，其中心线处的流速逐渐降低，射流的宽度逐渐增大，这种现象称为射流的扩散现象[2]。根据上述现象能够建立缝隙射流的物理模型见图 2.1。

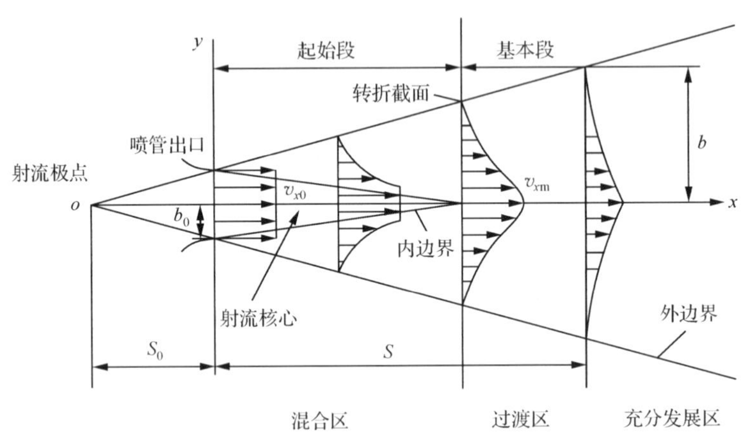

图 2.1　缝隙射流示意图

由流体力学知识可知，射流边界层压强近似不变，约等于外边界上的压强，而外边界上的压强处处相等，所以整个射流区内的压强可视为一个定值。根据动量方程，射流各截面上的动量保持不变，即

$$\iint_A \rho v_x^2 \mathrm{d}A = \rho_0 v_{x0}^2 A_0 = 常数 \tag{2.1}$$

式中，$\mathrm{d}A$ 为射流某截面面积微分，m^2；ρ 为 $\mathrm{d}A$ 处的流体密度，$\mathrm{kg/m^3}$；v_x 为 $\mathrm{d}A$ 处的流体轴向速度，m/s；ρ_0 为喷管出口的流体密度，$\mathrm{kg/m^3}$；v_{x0} 为喷管出口的流体轴向速度，m/s；A_0 为喷管出口截面积，m^2。

由于缝隙射流通常可视为平面射流，所以可用平面射流的方法推导缝隙射流的动能变化情况。假设流体以 v_{x0} 从高为 $2b_0$ 的长条形缝隙中射出，射流流体密度保持不变，b 为射流轴向速度为射流基本段轴向速度的 0.01 时的射流半宽，则由式(2.1)结合射流理论可得[3]

$$\left(\frac{v_{xm}}{v_{x0}}\right)^2 \frac{b}{b_0}\int_0^1 \left(\frac{v_x}{v_{xm}}\right)^2 \mathrm{d}\left(\frac{y}{b}\right) = 1 \tag{2.2}$$

$$\frac{v_{xm}}{v_{x0}} = \frac{1.210}{\sqrt{ax/b_0}} = \frac{1.210}{\sqrt{aS/b_0 + 0.4167}} \tag{2.3}$$

式中，v_{x0} 为射流初始喷射速度，m/s；b_0 为缝隙长度的一半，m；v_x 为射流轴向速度，m/s；v_{xm} 为射流基本段轴向速度，m/s；b 为射流轴向速度 $v_x = 0.01v_{xm}$ 处射流宽度，m/s；x 为射流出口至 $v_x = 0.01v_{xm}$ 处射流轴向长度，m；y 为图 2.1中直角坐标系的纵坐标；a 为经验系数，取值大小取决于射流出口截面速度分布的均匀度和起始紊流度，通常情况下，a 为 0.10～0.11。

平面射流轴线上的动能为

$$E_\mathrm{k} = \frac{1}{2}mv^2 = \frac{1}{2}\rho A v \frac{1.4641}{aS/b_0 + 0.4167} \tag{2.4}$$

由此可见，缝隙泄漏具有较大的射出能力，其所产生的声发射信号能较容易地被检测到，只要建立起声发射信号与动能之间的联系，就可以给出泄漏的大小。

2.2.2　缝隙泄漏模型及计算方法

在缝隙泄漏中，缝隙泄漏口的宽度是不确定的，不是一个定值。由于缝隙宽度很小，缝隙上下两个端面不平行度也很小，在建立缝隙泄漏的模型时，为简化模型，可将缝隙上下两个端面视为两平行平面，现在主要研究的是两平行平面间缝隙的泄漏量和出口速度[4]，其物理模型如图 2.2 所示。

由图 2.2 可知，设缝隙上下壁面平行间距为 h，缝隙在泄漏过程中充满流体。将其置于直角坐标系中进行分析，若 z 轴垂直于入口端面，x 轴与泄漏流体

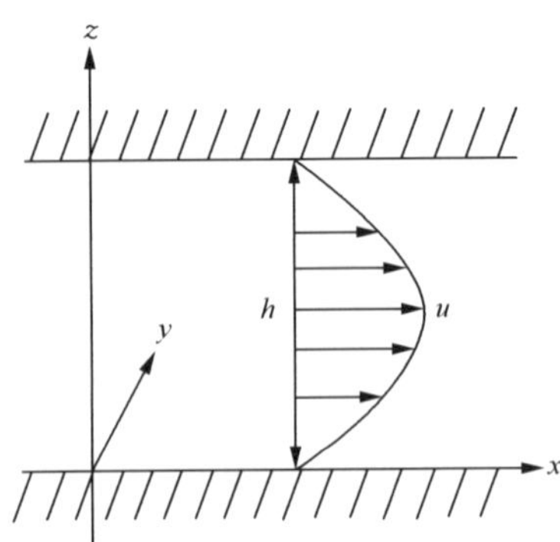

图 2.2 压差下缝隙泄漏量计算模型

流动方向平行，则有 $u_x = u, u_y = 0, u_z = 0$。在重力作用下，单位质量力 $f_x = f_y = 0, f_z = -g$，将上述近似条件结合 N-S 方程可建立如下运动方程，即

$$\begin{cases} -\dfrac{1}{\rho}\dfrac{\partial p}{\partial x}+\gamma\left(\dfrac{\partial^2 u}{\partial x^2}+\dfrac{\partial^2 u}{\partial y^2}+\dfrac{\partial^2 u}{\partial z^2}\right)=u\dfrac{\partial u}{\partial x} \\ -\dfrac{1}{\rho}\dfrac{\partial p}{\partial y}=0 \\ -g-\dfrac{1}{\rho}\dfrac{\partial p}{\partial z}=0 \end{cases} \tag{2.5}$$

式中，ρ 为流体密度，kg/m^3；p 为压力，Pa；u 为速度，m/s；γ 为流体运动黏度，m^2/s；g 为重力加速度，m/s^2。

经过推导可得缝隙中流速 u 的普遍公式为

$$u = \frac{1}{2\mu}\frac{dp}{dx}(h-z)z \tag{2.6}$$

求得泄漏速度之后通过积分公式 $q = \int_A u dA$ 可求得缝隙泄漏量大小，式中 dA 为微小过流断面，两平行壁面所组成的缝隙 h 为一常数，设此间隙为 δ，缝隙宽度为 b，则 $h=b$，推导可得

$$u = \frac{\Delta p}{2\mu l}(\delta - z)z \tag{2.7}$$

$$q = \frac{b\delta^3\Delta p}{12\mu l} \tag{2.8}$$

由上述可计算出缝隙泄漏时能量损失的大小，从而得出与声发射信号能

量之间的定量关系。

2.3　缝隙泄漏流动过程数值模拟

本节以表面式换热器的一根换热管的缝隙泄漏过程为研究对象，采用 CFD 方法模拟缝隙泄漏过程，探索泄漏过程中的流动规律与流场分布，建立泄漏过程的能量损失与泄漏口尺寸、流体入口参数之间的定量关系。

2.3.1　CFD 介绍

根据流体力学知识可知，自然界中任何流体的流动过程都可以用动量守恒、质量守恒以及能量守恒这三大定律进行描述，描述流体运动的方程就称为流体控制方程，这些方程比较复杂，运用普通的计算方法难以获得其解析解。计算流体力学(computational fluid dynamics，CFD)是应用计算机及相关数值计算方法来获得这些方程精确解并研究流体流动规律和特性的一门学科，属于数值模拟的一个专门部分，其基本思想为：通过将时间和空间域上的所有连续物理量按照一定的规则转化为能被计算机识别的一系列的离散点上的数值，通过将这些数值代入方程组进行求解即能获得流场中各点的近似计算值[5]。

利用 CFD 方法模拟热力设备内漏流场，主要包括以下几个步骤。

(1) 基于上述的几个定律建立描述热力设备内漏的控制方程。

(2) 选择合适的数值离散化方法和计算方法。设定边界条件、对于不同的离散化方程选择求解器进行求解。

(3) 编程及计算。这一步的工作主要是划分模型网格、初始条件和边界条件输入，对上述离散方程利用计算机编程求解，设定控制参数，对非封闭的离散化方程选择合理的封闭方程，本例中选用的是 κ-ε 紊流模型。

(4) 计算结果分析。通过分析计算残差图、将数值模拟结果与实验结果对比判定模拟的准确性。

数值模拟的优点是成本低、普适性强、使用方便。首先，数值模拟软件模拟泄漏等各种实际流动时不受实验条件和物理模型的限制，能够得到相对精确和完整的结果，还能模拟特殊尺寸及易燃易爆有毒等危险流体在实验中只能近似而不能达到的理想条件，从而能大量节约资金和时间成本；其次，通常描述流体流动的控制方程是非线性的，拥有较多自变量，加上复杂的边界条件和计算域，求得解析解几乎是不可能的，而利用 CFD 方法却可能得到满足需要的数值解；最后，在得到数学模型的前提下可利用计算机进行各种数值试验。

数值模拟也具有一些缺点。首先，在计算机中对流动方程进行离散化所使用的离散方法的不同会得到不同的计算结果，且受限于计算机的计算精度，最后得到的也只是流场中有限个离散点上具有一定计算误差的数值解，不能提供任何的描述流场中离散点状态的解析表达式；其次，在模拟计算时也很大程度上需要参考真实流动资料，对这些资料的收集和整理需要丰富的经验；最后，因数值处理方法和设置条件的偏差可能导致计算结果的不真实，从而进一步导致对真实实验指导的偏差，所以数值模拟需要反复进行并与实验结果对比分析才能得到认定，这大幅增加了工作量。

2.3.2　缝隙泄漏流场数值模拟方案

换热器内漏的程度可由换热管缝隙处内外部流体的流动来确定，得到泄漏流场的流速、泄漏量、动能等参数就能得到描述泄漏流场的性能方程，从而与实验结果对比。所以，对换热器内漏定量描述的研究可以从缝隙泄漏流场分析出发，这是缝隙泄漏数值模拟实验的根本目的。为方便与真实实验进行参照，数值模拟试验时所有的尺寸参数及流动介质设定均与实验一致。

1）流体介质物性参数选择

本章主要研究不同入口工况下的泄漏流场在同样的缝隙泄漏处的变化情况，基于换热器真实换热介质和同一流体介质有很高的可比性的原则，以下选用水作为模拟的流体换热介质，其基本的物理参数如表 2.1 所示。

表 2.1　介质（水）的物理参数

介质类型	密度 /(kg/m^3)	动力黏度 /(Pa·s)	比热容 /(kJ/(kg·s))	饱和蒸汽压力 /Pa	声速 /(m/s)
纯水	998	0.001	4.182	2658	1480

2）缝隙泄漏模拟流程图

换热管缝隙泄漏内、外流场的形成与很多因素有关，如流体物性参数、流动状态参数、流道形状参数等。为了简化模拟，降低计算量，并能够将模拟结果与实验结果进行有效对比，以下主要模拟不同工况下缝隙自由射流的流动情况。本章采用流体数值模拟软件 FLUENT 来模拟不同工况下的流场变化情况。模拟计算的主要步骤为：首先利用 GAMBIT 软件构建两相流体流动区域的几何模型、设定流动的边界条件及划分网格等，最后将 GAMBIT 生成的文件导入 FLUENT 求解器中运算求解及后处理。主要流程如图 2.3 所示。

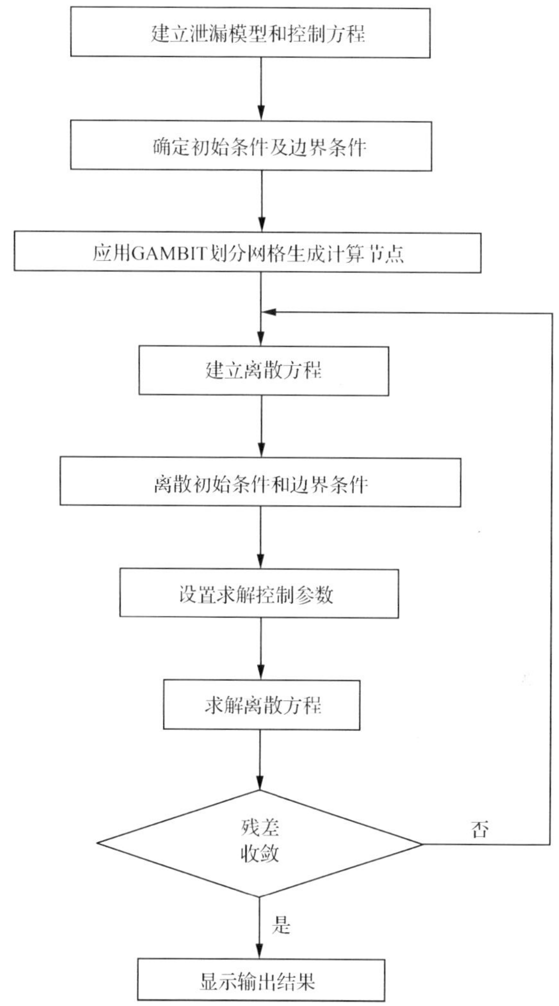

图 2.3　缝隙泄漏数值模拟流程图

3）缝隙泄漏流动物理模型

当换热管出现缝隙裂纹时，流体在管道内外的压差作用下会从缝隙中以射流形式漏出，随着缝隙尺寸的变化和管内压力的变化，泄漏量和射流相关参量随之变化。当泄漏工况稳定后，管内各处和缝隙处流体压力和速度趋于稳定。由于换热器的结构和原理较为复杂，为简化模型方便研究，只选取紧挨换热管缝隙泄漏处上下游的一小段管道单元体为研究对象，其剖面如图 2.4 所示。在图中，ab 段和 cd 段管道完整不存在泄漏，bc 段下管壁上存在一个缝隙漏口。流动方向及计算对象的各尺寸参数如图 2.4 所示。

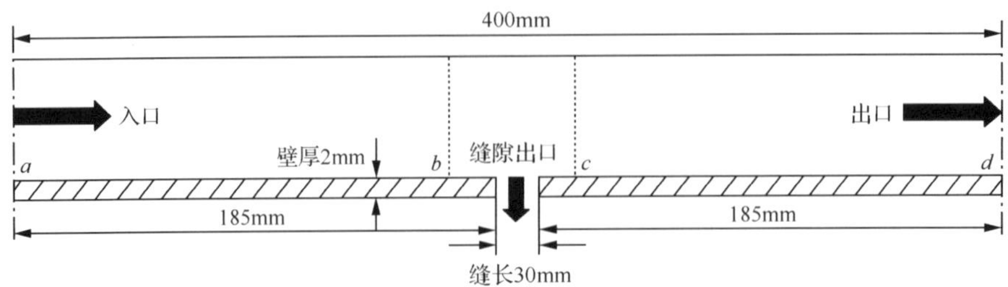

图 2.4 泄漏管道单元体剖面示意图

4) 缝隙泄漏流动数学模型

本章研究分析的主要是换热器换热管缝隙泄漏冷态下非淹没射流的流动情况。在小范围内由于缝隙泄漏可视为自由射流，自由射流为一种典型的湍流运动，所以可以从流体运动的基本方程出发，推导出缝隙射流的基本方程。

数学模型的假设条件为[6]：①喷射介质为水，环境流体为静止的空气；②当水从缝隙中喷射出时，外部为无限大空间；③缝隙射流为非淹没射流；④水为不可压缩流体，其他物性参数不变。

由于管道内的流体介质水是不可压缩流体，即 $d\rho/dt=0$，根据流体力学基本方程式，结合紊流流速所具有的时均性和脉动性特点，得到不可压紊流黏性流体的平均运动连续性方程在空间直角坐标系下的表达式为[7]

$$\frac{\partial\bar{u}}{\partial x}+\frac{\partial\bar{v}}{\partial y}+\frac{\partial\bar{\omega}}{\partial z}=0 \tag{2.9}$$

式中，$\bar{u}$ 为 x 方向平均流速，m/s；$\bar{v}$ 为 y 方向平均流速，m/s；$\bar{\omega}$ 为 z 方向平均流速，m/s。

不可压缩流体紊流运动依然遵循连续介质运动的一般规律，通用的不可压紊流流体瞬时运动的 N-S 方程组对此仍然适用，其具体表达式为

$$\frac{\partial u_i}{\partial t}+u_j\frac{\partial u_i}{\partial x_j}=-\frac{1}{\rho}\frac{\partial p}{\partial x_i}+\gamma\frac{\partial^2 u_i}{\partial x_j\partial x_j} \tag{2.10}$$

式中，等式左端为单位质量流体的动量变化率；右端第一项为沿各方向的压力分布，第二项为流体在流动过程中的黏性摩擦力。

为保证计算的精确性，结合不可压缩紊流黏性流体的连续性方程，

式(2.10)可改写为

$$\frac{\partial u_i}{\partial t}+\frac{\partial(u_i u_j)}{\partial x_j}=-\frac{1}{\rho}\frac{\partial p}{\partial x_i}+\gamma\frac{\partial^2 u_i}{\partial x_j \partial x_j} \tag{2.11}$$

对式(2.11)进行时间平均,得到

$$\overline{\frac{\partial u_i}{\partial t}}+\overline{\frac{\partial(u_i u_j)}{\partial x_j}}=-\overline{\frac{1}{\rho}\frac{\partial p}{\partial x}}+\gamma\overline{\frac{\partial^2 u_i}{\partial x_j \partial x_j}} \tag{2.12}$$

代入动量方程结合时均值运算性质,将方程整理之后可得到描述不可压流体紊流运动的动量方程,即雷诺方程

$$\frac{\partial \overline{u_i}}{\partial t}+\frac{\partial \overline{u_i}}{\partial x_j}\overline{u_j}=-\frac{1}{\rho}\frac{\partial \bar{p}}{\partial x_i}+\frac{\partial}{\partial x_j}\left(\gamma\frac{\partial \overline{u_i}}{\partial x_j}-\overline{u_i' u_j'}\right) \tag{2.13}$$

式(2.13)为各方向动量方程的合并式,称为张量形式表达式。等式左边项表示单位质量流体的动量变化率,等式右端第一项为折算到单位体积流体的时均压力,第二项为单位流体所受的时均黏性力。$-\rho\overline{u_i' u_j'}$ 称为雷诺应力,它是由瞬时速度方程的非线性项产生的,该项是包含在平均运动动量方程中的唯一脉动量项。同时,雷诺应力张量是对称张量,它的对角线分量为流体微团在流动中所受的法向应力,非对角线分量两两对应相等,为切向应力。其具体形式为

$$\tau_{ij}'=-\rho\overline{u_i' u_j'}=\begin{bmatrix}-\rho\overline{u'^2} & -\rho\overline{u'v'} & -\rho\overline{u'\omega'}\\ -\rho\overline{v'u'} & -\rho\overline{v'^2} & -\rho\overline{v'\omega'}\\ -\rho\overline{\omega'u'} & -\rho\overline{\omega'v'} & -\rho\overline{\omega'^2}\end{bmatrix} \tag{2.14}$$

式(2.9)～式(2.14)中,$\bar{u}$、$\bar{v}$、$\bar{\omega}$ 分别为 x、y、z 方向的时均速度;u'、v'、ω' 分别为 x、y、z 方向的脉动速度;ρ 为流体的密度;γ 为运动黏度,$\gamma=\mu/\rho$,μ 为动力黏度。

在上述湍流计算中,理论上联立式(2.9)和式(2.13)可以得到不可压紊流流体流场的解。但由于雷诺方程中出现了二阶速度导数及大量的脉动速度量,这些给计算流场的精确解造成了困难,所以为求得精确解必须将方程组封闭。为了解决方程的封闭问题,现在主流的办法是在尽量不影响计算结果精确度的条件下对控制方程中的未知量进行简化近似或假设,即进行模化处理,使之成为基本未知量的函数,从而封闭方程组。

标准 κ-ε 模型用湍流黏性系数的函数来表示雷诺应力,湍流的黏性系数

用湍动能 κ 和湍流能量耗散率 ε 表示，κ 定义为速度波动的变化量，ε 为速度波动的耗散率。从大量的工程实例中可以看出，κ-ε 模型可以用来对较复杂紊流的控制方程进行封闭，据此，引入标准 κ-ε 模型对雷诺方程进行封闭，其方程[8]分别如下。

κ 方程：

$$\frac{\partial\kappa}{\partial t}+\overline{u_i}\,\frac{\partial\kappa}{\partial x_i}=\frac{\partial}{\partial x_i}\left[\left(c_{\varepsilon0}\,\frac{\kappa^2}{\varepsilon}+\gamma\right)\frac{\partial\kappa}{\partial x_i}\right]+P-\varepsilon \tag{2.15}$$

ε 方程：

$$\frac{\partial\varepsilon}{\partial t}+\overline{u_i}\,\frac{\partial\varepsilon}{\partial x_i}=\frac{\partial}{\partial x_i}\left[\left(c_{\varepsilon}\,\frac{\kappa^2}{\varepsilon}+\gamma\right)\frac{\partial\varepsilon}{\partial x_i}\right]+c_{\varepsilon1}\,\frac{\varepsilon}{\kappa}P-c_{\varepsilon2}\,\frac{\varepsilon^2}{\kappa} \tag{2.16}$$

式中

$$P=\gamma_{\mathrm{t}}\left(\frac{\partial\overline{u_i}}{\partial x_k}+\frac{\partial\overline{u_k}}{\partial x_i}\right)\frac{\partial\overline{u_i}}{\partial x_k} \tag{2.17}$$

在此，取 $c_{\varepsilon0}=0.1$，$c_{\varepsilon}=0.08$，$c_{\varepsilon2}=1.91$。它们均为经验系数，在 FLUENT 求解器中可以根据实际需要选择。

5）换热管缝隙泄漏区域网格划分

为使建立的 CFD 模型能够顺利代入数值求解器中进行计算，利用此前处理器对所建立的几何模型进行网格划分生成网格模型是不可缺失的一环，由它所生成的网格文件能够被多种 CFD 软件使用，具有很强的通用性，所以本章选择 GAMBIT 软件来划分网格。GAMBIT 提供了多种网格划分功能，主要网格类型有结构化、非结构化及混合网格等。按照实际需要选择好网格类型后，GAMBIT 能够自动完成网格划分工作。在网格的自动划分过程中，网格能够根据预先的设置对本区域的网格间距进行调整，自动调节设置区域的网格密度或生成滑移网格等，有着很强的自适应能力。

网格划分完成后，数值模拟的几何模型由网格组成的计算域取代，控制方程的离散就是在一个个这样的网格单元中进行的。本章模拟计算过程中，对几何模型划分主要选择的是结构化以及非结构化网格，见图 2.5。运用结构化网格对几何模型进行划分的基本理念是先建立起计算域与几何空间之间的对应关系，基于此将计算域中与各坐标轴平行的线条构成的一个个网格映射成几何空间中的平行于各坐标轴的网格，其特点是形成的所有网格边界均与相应的坐标轴平行，能够提高计算效率和数据传递速度。在进行网格划分时，非结构化网格与结构化网格相比具有很明显的区别，非结构化网格能够对所给定的几何空间进行任意形式的划分，同时，在非结构化网格的自动生成过程中采用了一套准则对网格进行优化使之更适用于计算，所以生成的非结构化网格通常质量较高。另外，对十分复杂的几何空间来说，非结构化网格有着比结构化网格更加明显的适应性。但是，由于非结构化网格的计算量较大，需要建立针对于此类网格的广义差分方程使得其在实际应用中受到限制。

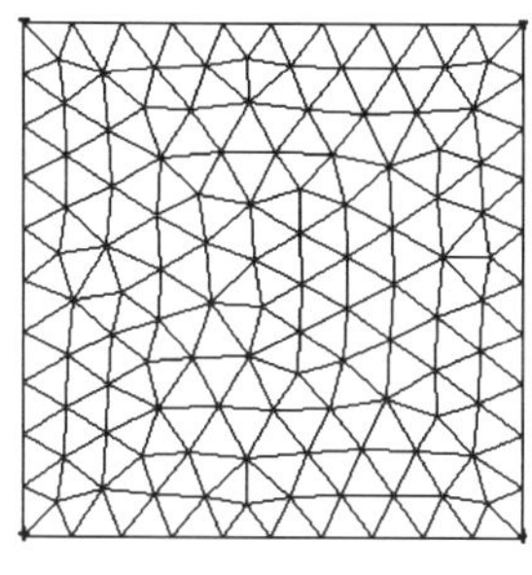

(a) 非结构化网格　　(b) 结构化网格

图 2.5　结构化网格与非结构化网格示意图

网格是数值模拟的最基本单元，所有的数据都需要在网格中进行计算、传递，所以在对计算域进行网格划分时，所划分出的网格质量在极大程度上决定着数值模拟结果的准确性和模拟过程中计算量的大小。在网格间距的选取上要根据实际情况进行安排，通常遵循的原则是：在物理量变化梯度较平缓的区域适当增加网格间距，在变化梯度较大的区域适当降低网格间距增加此处的计算量。考虑到换热管上下游段流速变化较稳定，缝隙泄漏处速度梯度变化极大的特点，为增加计算效率，提高计算精度，作者将整个计算域分为三个部分：缝隙上游段、缝隙泄漏段、缝隙下游段。在缝隙上下游段管内和管外的区域采用结构化网格；在缝隙泄漏段管内及缝隙处采用结构化网格(图 2.6)、管外采用非结构化网格并对此区域的网格在射流方向上进行局部加密处理，这

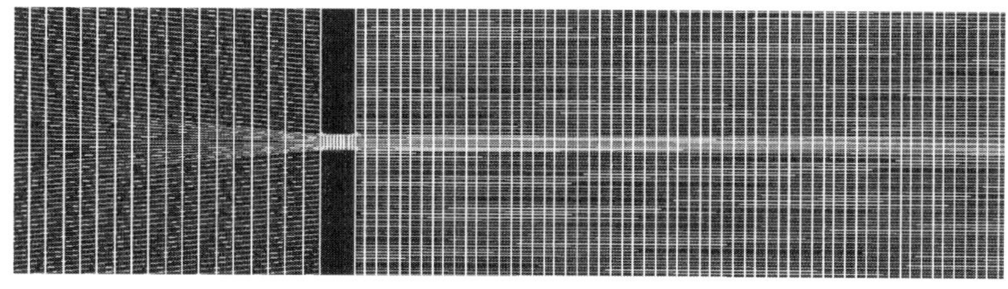

图 2.6　缝隙泄漏段截面网格图

种网格的生成过程虽然比较复杂，但是这种处理能够更加清晰地反映出泄漏流场的变化情况。

6) 边界条件设定

在对换热管建立了几何模型并对其进行网格划分之后，需对其解析模型按照实际需要进行边界条件设定。整体设定如图 2.7 所示。

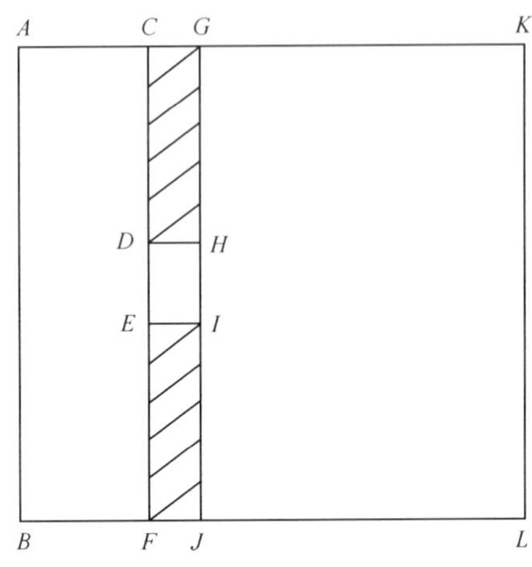

图 2.7 流场边界条件示意图

本章研究的主要对象是自由射流中的缝隙泄漏的流场情况，即换热管外环境介质为空气，换热管内的水在压差作用下通过缝隙泄漏处直接喷射到大气中。图 2.7 中，*ABCDEF* 为管道内壁，*DEIH* 为缝隙泄漏口，*GHIJLK* 为外部环境，水流从 *BF* 端流入，*AC* 端流出。*BF* 设置为压力入口边界条件，*AC* 设置为压力出口，*DE* 为缝隙与管道内壁相通的一面，边界条件设置为 Interior，*HI* 为缝隙与管道外壁相通的一面，边界条件也设置为 Interior；*DCABFE* 为管道内壁面，边界条件设置为 Wall；*HGKLJI* 为压力出口，以上所有压力出口边界压力大小均为大气压。

2.3.3 缝隙泄漏流场模拟数据处理及分析

本章基于具体实验中的缝隙尺寸及位置建立换热管缝隙泄漏模型，每隔 0.05MPa 为一个新的工况，从 0.1MPa 开始模拟了多组不同工况下的缝隙泄漏流场，通过对这些流场的数据进行分析得到以下结论。

1) 缝隙泄漏处速度变化情况

通过对 10 组不同工况下的缝隙泄漏流场数据分析，选出了 3 组流场数据在此进行对比说明，依据它们的流场数据所绘制出的等速度线，见图 2.8～图 2.10。

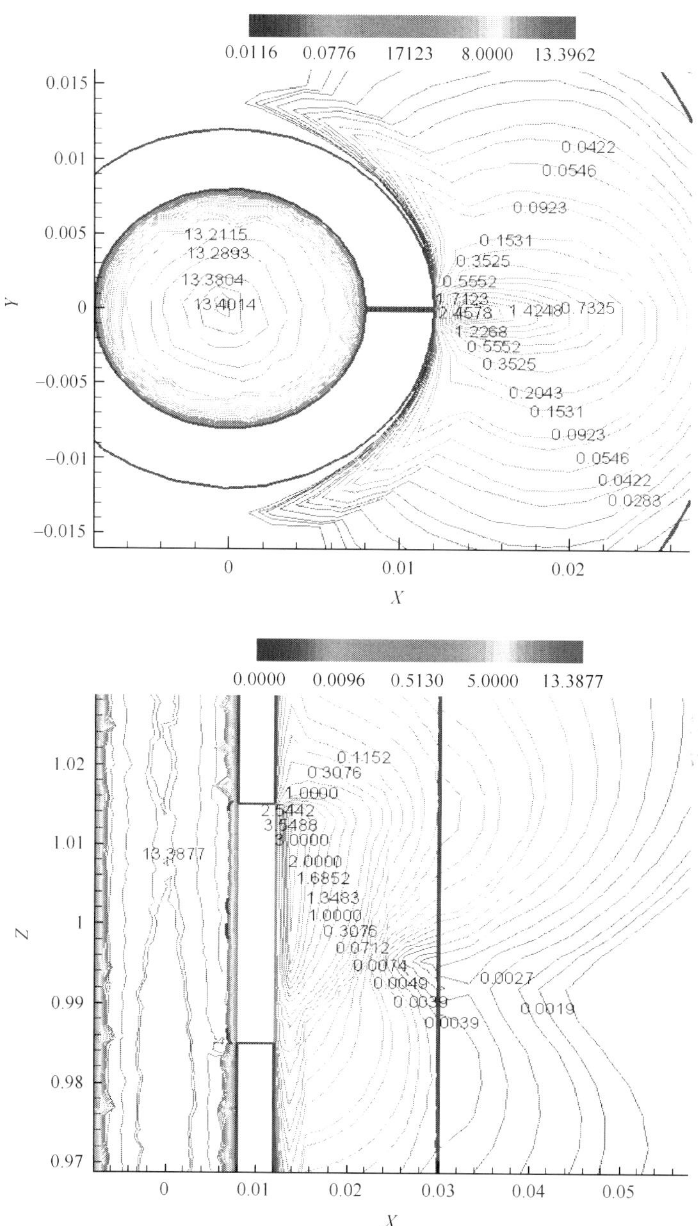

图 2.8　0.15MPa 下缝隙横截面和纵截面处等速度线图

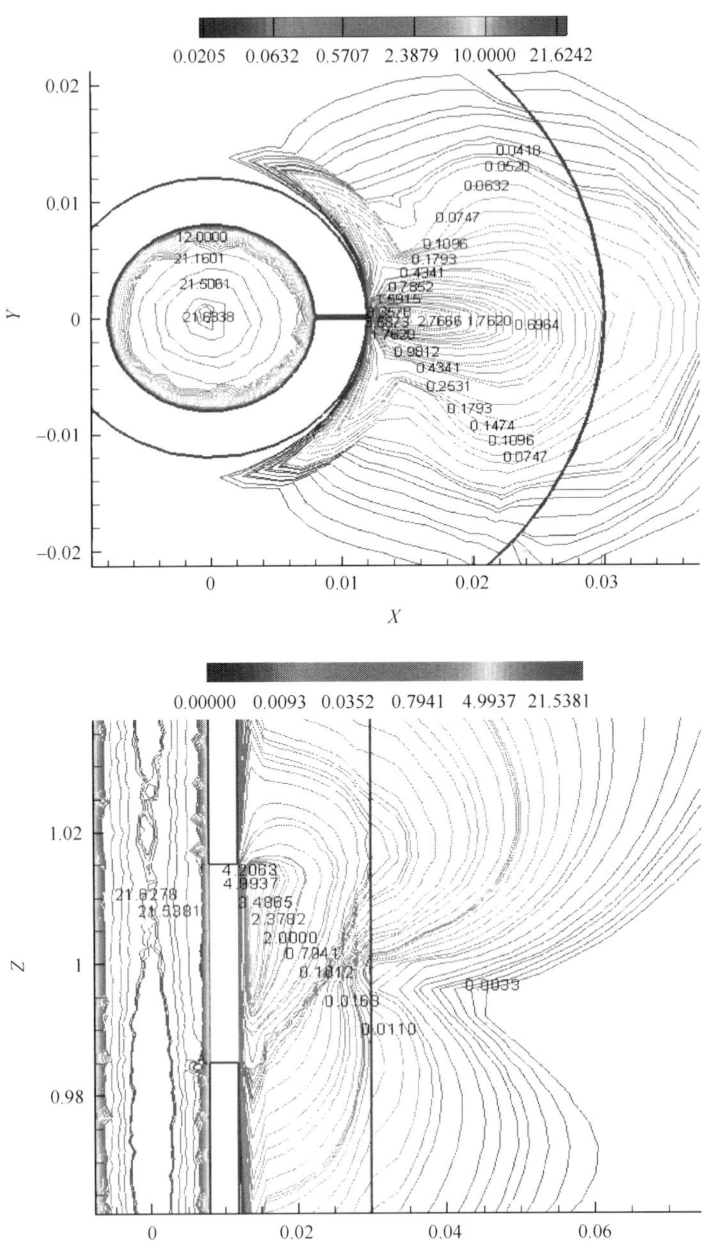

图 2.9　0.35MPa 下缝隙横截面和纵截面处等速度线图

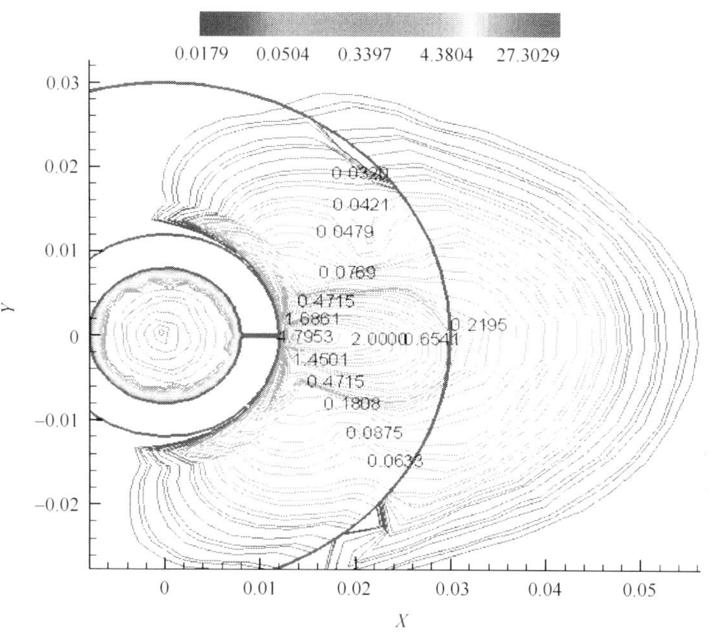

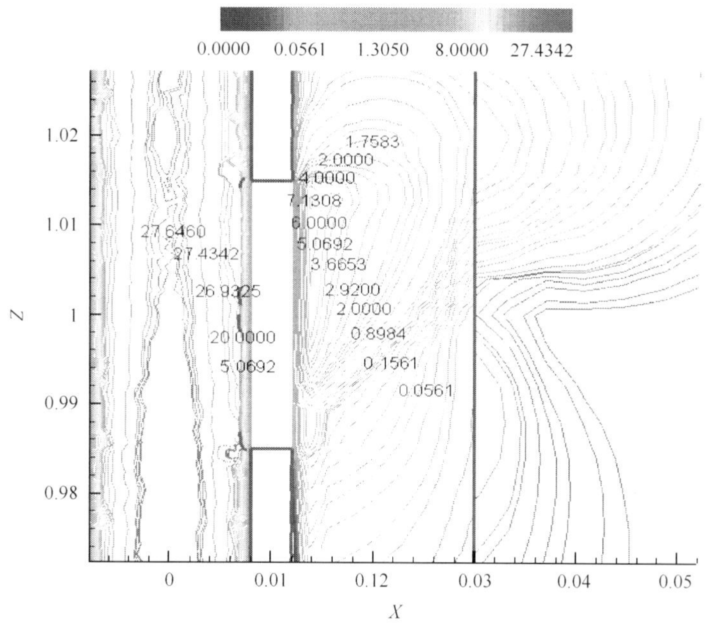

图 2.10　0.55MPa 下缝隙横截面和纵截面处等速度线图

由上面三个典型的入口工况的速度场可知，在缝隙泄漏处速度场基本相似，区别主要在于泄漏速度的大小。在缝隙形状一定的情况下，随着换热管入口压力的增加，泄漏速度越大，泄漏量越大，能量损失越大。在纵截面的等速度线图中，缝隙连接管内壁和管外壁的部分速度极小接近于零，无法形成等速度线，这是因为缝隙宽度很窄（只有 0.02mm），导致水通过缝隙向外喷射的过程中在此处主要是以层流形式存在的附面层，速度极小。

2）缝隙泄漏处压力变化情况及缝隙生长原因分析

根据模拟数据绘制出了 3 组工况下的缝隙泄漏处横截面和纵截面处的压力分布云图，见图 2.11～图 2.13。

由图 2.11～图 2.13 可知，随着入口压力的增大，在缝隙处形成了两个负压核心区和一个高压核心区，且负压区和负压值随入口压力逐渐增大，喷射压力也随之增大，在缝隙处由于缝隙宽度尺寸很小，两负压区几乎连成一片，整个外缝面几乎均为负压。这是因为，当流体从缝隙处泄漏出去形成稳定的缝隙射流后，在卷吸作用的影响下，射流的主流周围产生了漩涡，在这些漩涡中心处压力相对较低，且越靠近射流核心处卷吸作用越剧烈，产生的漩涡中心的压力相比也越低。这样，这些低压区和管内就产生了压差。近壁流动的流体由于速度很低，惯性不大，速度方向能在此压力下被及时改变，从而沿着缝壁泄漏出去；因为近壁流动的流体流量很小，所以此泄漏量很小。在缝隙处主流流体因为惯性很大不能及时改变方向还是沿原流动方向流动，当主流到达缝隙下游端面时，流体撞击在此端面上使速度瞬间滞止，动能完全转化为压力势能，这使漏缝下端面处压强急剧增大，缝隙下端面处承受了极大的破坏力，加速了缝隙的生长和扩大。另外，因为入口压力的增加，两处负压区核心的真空度也迅速增加，当这两处的压力值低于相应温度下的饱和蒸汽压力时，水中有更多的气核会被分离出来，出现更多的空化效应，在空化汽蚀的作用下进一步加速压力管道的破坏[9]。

3）泄漏特征参数随工况变化关系

通过提取 10 组工况下的流场数据可得到对应工况下的缝隙泄漏平均速度及泄漏率，见表 2.2[10]。

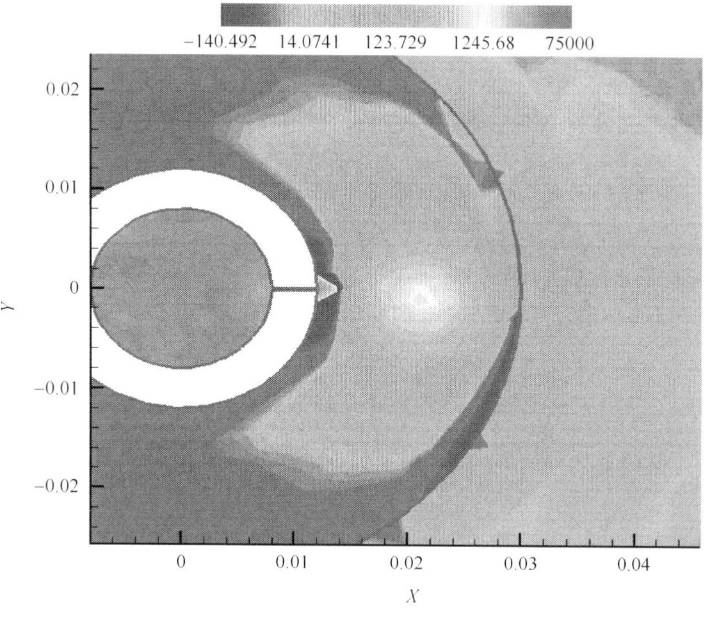

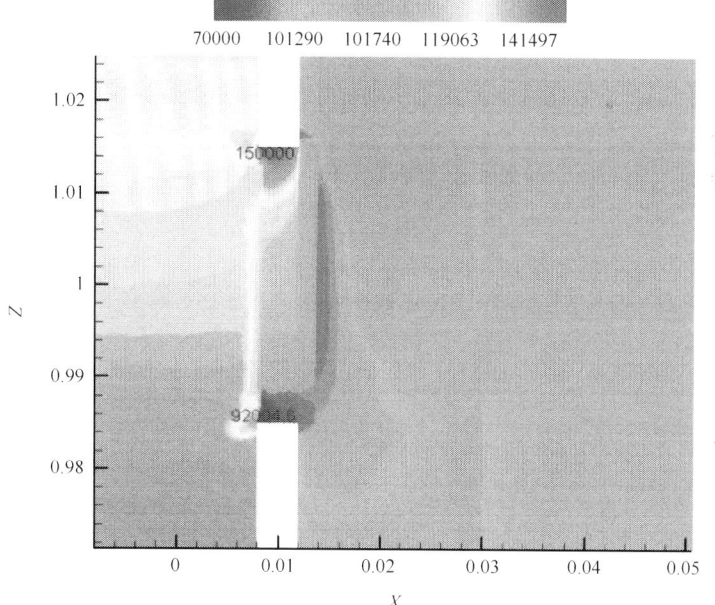

图 2.11　0.15MPa 下缝隙横截面和纵截面处压力云图

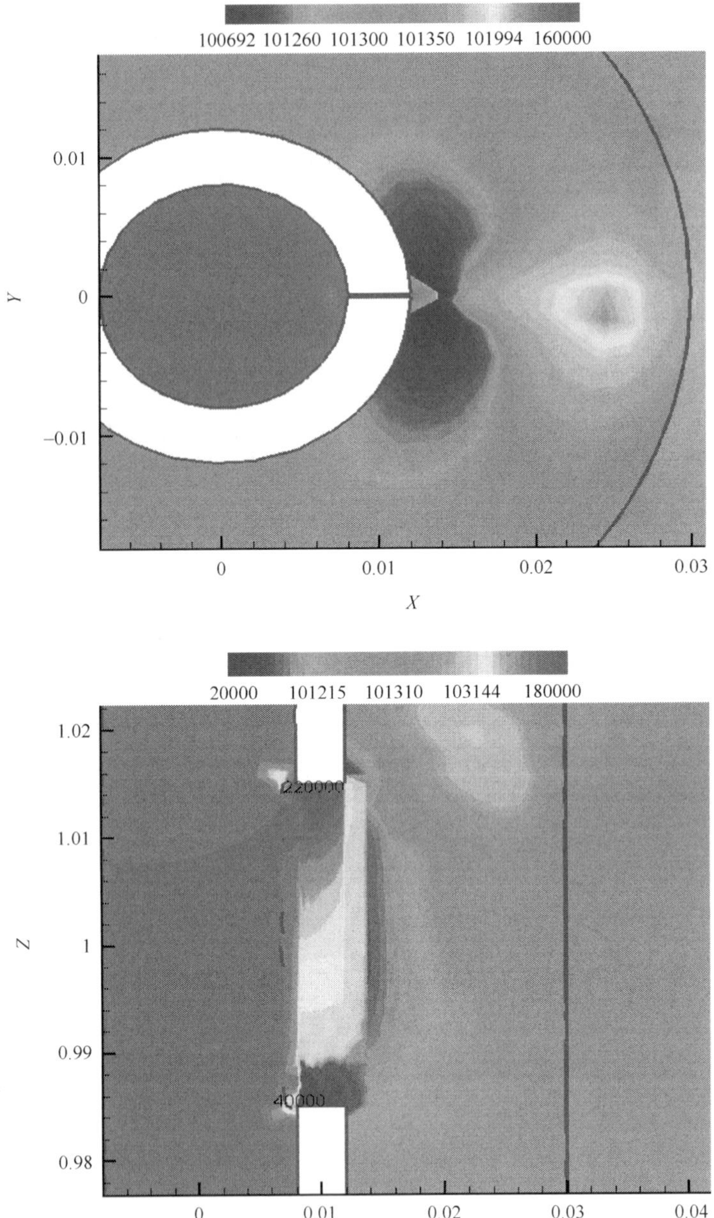

图 2.12　0.35MPa 下缝隙横截面和纵截面处压力云图

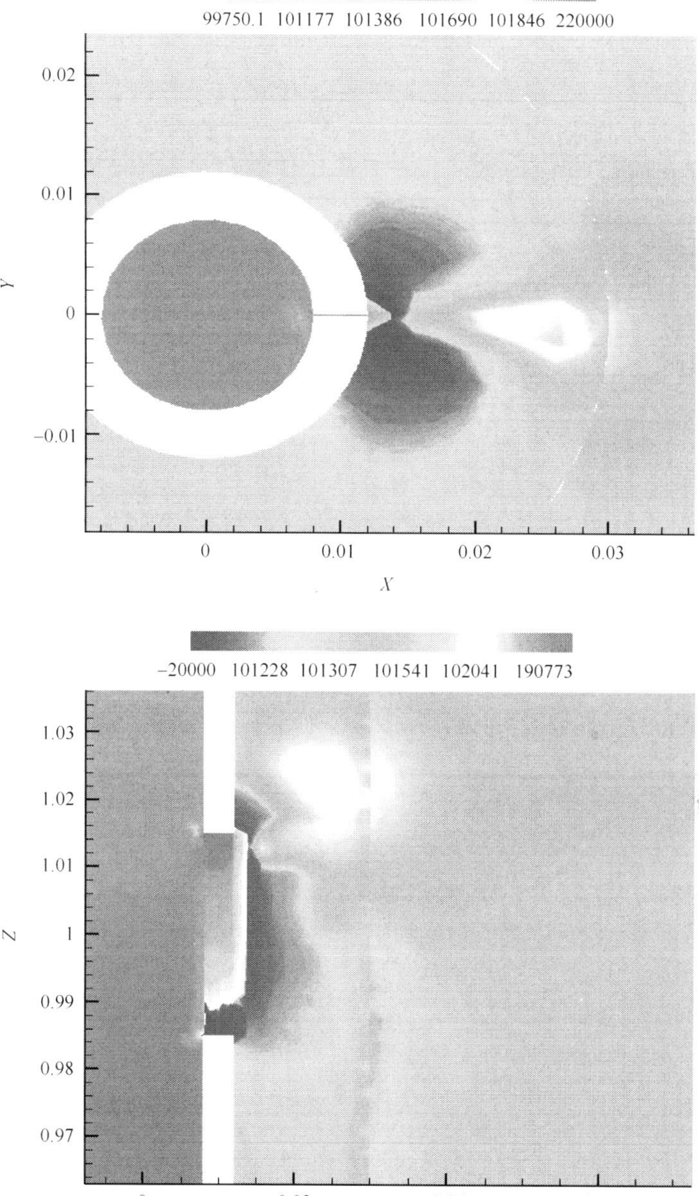

图 2.13　0.55MPa 下缝隙横截面和纵截面处压力云图

表 2.2　各工况下泄漏速度及泄漏率对应表

入口压力/MPa	平均泄漏速度/(m/s)	泄漏量/(mL/s)	能量损失率/(J/s)	滞止压力/Pa
0.10	2.590	9.5	0.032	132941
0.15	4.170	17.8	0.155	169489
0.20	4.187	16.6	0.146	170604
0.25	5.360	21.0	0.302	200660
0.30	5.823	28.0	0.475	237480
0.35	6.281	25.0	0.493	241071
0.40	7.300	21.1	0.562	272631
0.45	7.095	28.3	0.712	282630
0.50	6.709	29.4	0.662	296178
0.55	7.831	32.3	0.989	323797

根据以上数据可以得出各参数随工况变化的趋势图，见图 2.14～图 2.17。

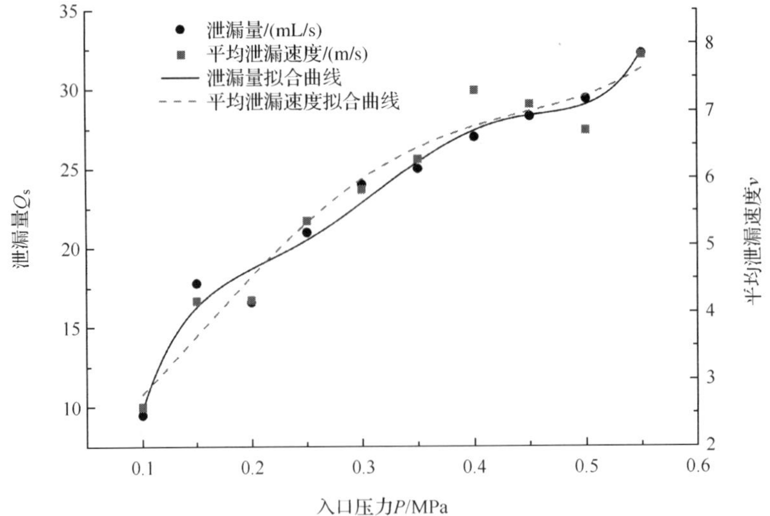

图 2.14　各入口压力下，缝隙泄漏处平均速度与泄漏量拟合曲线

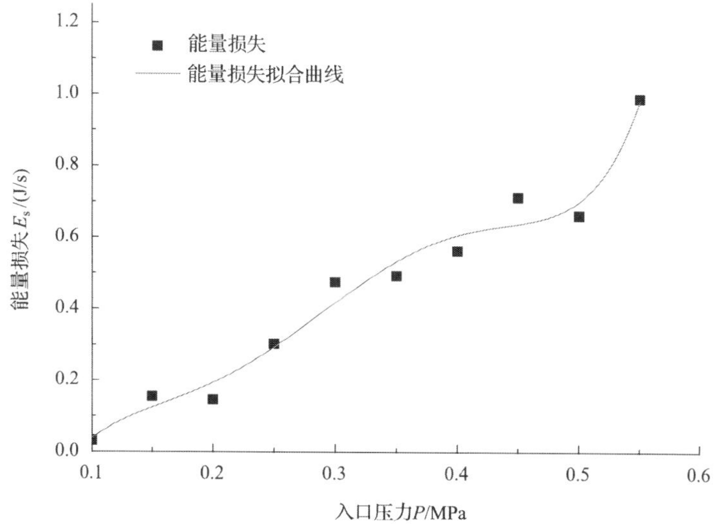

图 2.15　各入口压力下，泄漏能量损失变化拟合曲线

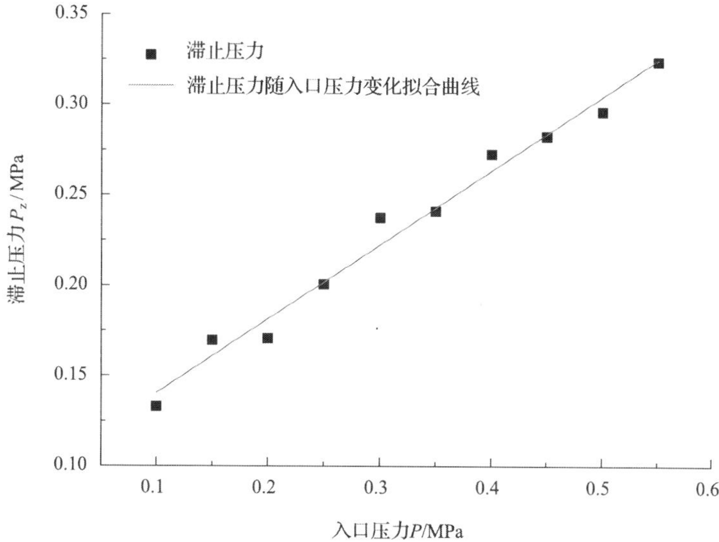

图 2.16　各入口压力下，滞止压力变化拟合曲线

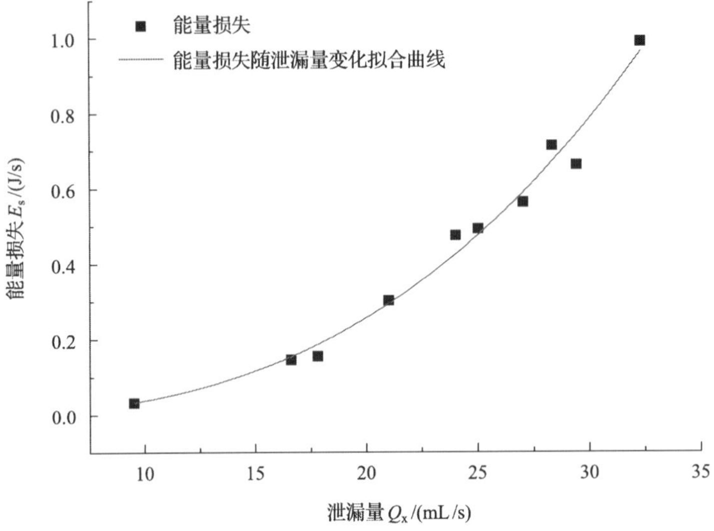

图 2.17　各工况下,能量损失与泄漏量拟合曲线

由图 2.14～图 2.17 可以得出以下结论。

(1) 泄漏口的平均速度与泄漏流量有明显的定量关系,但是,两者之间是非线性的关系。

(2) 泄漏口的流体能量损失与入口压力(实际上代表泄漏口的内外压差)近似呈线性关系,压差越大,泄漏口处产生的能量损失越大。

(3) 泄漏流体的滞止压力与换热管的入口压力基本上呈线性关系。

(4) 泄漏口能量损失与泄漏量之间呈指数关系。后续章节将要论述到,泄漏声发射信号的能量来自于泄漏口的能量损失,由此可见,泄漏口的能量损失与泄漏流量之间的定量关系,为探寻一种基于信号能量的泄漏检测方法奠定了理论基础。

2.4　本章小结

本章利用数值模拟软件对预定的所有入口压力下的缝隙泄漏流场进行了数值模拟,获得了如下结论。

(1) 在缝隙泄漏处速度场基本相似,区别主要在于泄漏速度的大小。在缝隙形状一定的情况下,随着换热管入口压力的增加,泄漏速度和泄漏量随之增加,能量损失也不断增长。

（2）在缝隙泄漏处，泄漏口处顺着流动方向的端面会形成滞止压力，在此处流体动压全部转化为静压，压力骤增，且滞止压力与入口压力成正比例关系。滞止压力点处压强很大，端面面积很小，在端面处会形成很大的压力，这是缝隙不断生长的原因。

（3）泄漏口能量损失与泄漏量之间呈指数关系。后续章节将要论述到，泄漏声发射信号的能量来自于泄漏口的能量损失，由此可见，泄漏口的能量损失与泄漏流量之间的定量关系，为探寻一种基于信号能量的泄漏检测方法奠定了理论基础。

参考文献

[1] 沈忠厚. 水射流理论与技术[M]. 东营：石油大学出版社，1998.
[2] 平浚. 射流理论基础及应用[M]. 北京：宇航出版社，1995.
[3] 孔珑. 流体力学（Ⅱ）[M]. 北京：高等教育出版社，2003.
[4] 刘李平，侯煜. 缝隙流动中温度和压差对泄漏量的影响[J]. 机械管理开发，2011，2：48-50.
[5] 王福军. 计算流体动力学分析——CFD 软件原理与应用[M]. 北京：清华大学出版社，2004.
[6] 刘国勇，李谋渭. 缝隙冲击射流换热数值模拟[J]. 北京科技大学学报，2006，28（6）：581-586.
[7] 高学平. 高等流体力学[M]. 天津：天津大学出版社，2005.
[8] 张鸣远. 高等工程流体力学[M]. 西安：西安交通大学出版社，2008.
[9] 周文会. 高压水射流喷嘴内外部流场的数值模拟研究[D]. 兰州：兰州理工大学，2008.
[10] 吴昊，李录平，刘洋，等. 液体压力管道缝隙泄漏流场数值模拟[J]. 汽轮机技术，2014，56（6）：429-431.

第3章　泄漏过程声发射机理与信号定量特征

3.1　概　　述

近年来,工程领域已探索出多种检测泄漏的方法,如压力梯度法、负压波法、流量平衡法、系统辨识法以及神经网络法等。但是,对蒸汽动力发电厂的热力设备的内部泄漏故障而言,上述检测方法不一定完全适用。而声发射检测技术是一种动态无损检测技术,这是声发射检测同其他检测技术的根本区别[1-3]。蒸汽动力发电厂热力设备运行在高温、高压、高流速、高应力、高背景噪声的环境中,对检测技术的要求很高。而声发射检测对被检测件的接近程度要求不高,不需要将传感元件埋入被检测对象的内部,只需要将传感元件与被检测对象的外表面紧密连接就可以实现连续检测。

将声发射技术应用于热力设备内部泄漏故障检测,首先应掌握泄漏声发射机理及特征,从而确定相应的泄漏检测方法。同时,由于发电厂热力设备工作环境的背景噪声复杂多变,所以如何从传感器的检测信号中有效剔除背景噪声,经分析处理后提取出所需要的特征声发射信号也就显得尤为重要。

本章旨在探索热力设备内部泄漏故障的声发射机理,声发射信号特征参数的提取方法,声发射信号特征参数与泄漏量之间的定量关系,从而找到利用声发射信号特征指标诊断热力设备内部泄漏故障的基本方法。

3.2　泄漏声发射机理及其传播特性

3.2.1　泄漏声发射信号产生机理

材料或结构受内力或外力作用产生形变或裂纹扩展,局部因能量的快速释放而发出瞬态弹性波的现象称为声发射。声发射源分为两类:在应力作用下直接与变形和裂纹机制有关的弹性波发射源为通常意义上的声发射源;而流体泄漏、摩擦、撞击、燃烧等与变形和断裂机制无直接关系的弹性波发射源被称为二次声发射源或被动声发射源[2,3]。

阀门泄漏产生的声发射信号与换热器中换热管泄漏产生的声发射信号,

在机理方面有类似之处，都是高压流体在压差作用下高速穿过狭窄的缝隙，向压力更低的空间喷射。为了分析更具针对性，下面以阀门泄漏为例分析声发射信号产生的机理。

阀门有泄漏时，阀门下游的声发射信号有三种声源[4]。

(1) 机械振动发声：阀体内部流动介质的压力产生不规则波动以及流体介质对阀门弹性部件的扰动和冲击，使得部件产生振动，从而产生机械振动发声，这种振动方式产生的声发射，与金属的拍击声相似。

(2) 汽蚀发声：当泄漏介质为液体时，流体通过泄漏孔口处，流动断面会突然缩小，在孔口处的压力就可能达到液体的汽化压力，部分液体蒸发并形成气泡；在下游，流体扩张且压力升高，当压力高于汽化压力时，气泡会破裂，产生汽蚀而发声。

(3) 湍流或空气动力学发声：在流动过程中，当高速流体介质从泄漏孔口喷射而出时，由于突然膨胀或减速，就会形成湍流。它是阀门发声的主要声源，其大小与流体的速度、流量、阀门进口压力、阀门大小、阀门类型、泄漏孔口形状及流体的物理性质有关。

以上第二和第三种声源主要在阀下游，泄漏时阀门下游的声发射信号远大于阀门上游。所以在较大的背景噪声情况下检测阀门泄漏时，可根据阀门上游和阀门下游声发射信号差值的大小判断阀门有无泄漏和泄漏的相对大小。

通过整理文献资料以及作者的实验研究，归纳总结出阀门泄漏声发射信号具有如下特点[5-9]。

(1) 此类声发射信号由流体泄漏激励，属于连续型声发射信号。

(2) 此类声发射信号频率范围很宽，既有声频，又有超声频成分，其中，超声频信号能量最强；并且泄漏信号频带随进口压力大小、阀门类型、泄漏大小、阀体内介质类型及状态变化而变化。

(3) 声发射信号波形都具有一个很陡的尖峰，信号的主要成分分布在30～250kHz范围内，具体范围因阀门类型及流体介质不同而有所不同。

(4) 受声发射源的自身特性(多样性、信号的突发性和不确定性)、声发射信号的传播路径、环境噪声和声发射测量系统等多种复杂因素的影响，声发射传感器输出的波形十分复杂，属于一种非平稳随机信号。

3.2.2　泄漏声发射波传播原理

泄漏故障的产生过程可分为三个阶段：金属材料应力集中及裂口形成阶

段;裂口扩展及渗漏阶段;高速水流喷射(即漏泄)阶段。每个阶段都能产生声发射信号,但产生信号的原因及信号的特征不尽相同。

由于在金属材料的应力集中及裂口形成阶段,强烈的背景噪声可能将此阶段产生的声发射信号淹没,难以准确检测到此阶段的声发射信号。本书主要研究从第二个阶段开始产生的声发射信号,即从泄漏口产生流体渗漏及以后阶段的泄漏过程的声发射。在大压差作用下,流体从漏缝漏出的流动过程是一种湍流。

Morse 和 Ingard 指出,湍流中的波动方程表述为

$$\rho\kappa \frac{\partial^2 p}{\partial t^2} - \nabla^2 p = \sum \frac{\partial^2 (\rho u_i u_j)}{\partial x_i x_j} \tag{3.1}$$

式中,ρ 为流体的密度,kg/m^3;κ 为流体的可压缩性系数;p 为流体的压力,Pa;u_i、u_j 为流速矢量在坐标 x_i、x_j 方向上的分量,m/s。

式(3.1)右方为声源项,即当流体中动量流张量的二阶空间导数不为零时,将激发声波。在射流(喷注)中部,动压作用占优势;在射流与周围介质的边界上,声压占优势。当管道或者设备产生漏孔时,湍流除产生噪声外,还因流体冲击管壁而激发应力波。采用声发射技术可以检测此应力波,因而可以发现泄漏[10]。

声发射波在介质中的传播,根据质点的振动方向和传播方向,可构成纵波、横波、表面波(瑞利波)、板波等不同传播形式。波的传播状况与介质的几何形状和尺寸、物理-机械性质有关。蒸汽动力发电厂的热力设备及其与之相连的管道,可视同一广义的压力容器。就压力容器来说,一般认为声发射波以兰姆(Lamb)波形式传播。但是在壁厚较大时,可视为以瑞利波的形式传播,当壁厚与频率的乘积大于 14MHz · mm 时,Lamb 波的各种波型均向瑞利波转变。以下主要对板波中的 Lamb 波的传播规律以及反射、衰减规律进行介绍。

如果固体物质的尺寸进一步受到限制而成为板状,则当板厚小到某一程度时,瑞利波就不会存在而只能产生各种类型的板波。板波中最重要的一种是 Lamb 波,Lamb 波是纵波和横波组合的波,它只能在固体薄板中传播,质点进行椭圆轨迹运动,按照质点的运动特点可分为对称型(膨胀波或 S 型)和非对称型(弯曲波或 A 型)两种。

1) Lamb 波的相速度

对称型 Lamb 波传播速度和频率间满足如下关系[4]:

$$\Delta pq\tan\left(\frac{\pi fd}{c}q\right)+(p^2-1)\tan\left(\frac{\pi fd}{c}p\right)=0 \tag{3.2}$$

对称型 Lamb 波传播的频率方程为

$$(p^2-1)^2\tan\left(\frac{\pi fd}{c}q\right)+4pq\tan\left(\frac{\pi fd}{c}p\right)=0 \tag{3.3}$$

式中，$p^2=\left[\frac{c}{c_s}\right]^2-1$；$q^2=\left[\frac{c}{c_p}\right]^2-1$；$c$ 为 Lamb 波的相速度，m/s；c_p 为纵波的波速，$c_p=\sqrt{\frac{\lambda+2G}{\rho}}$，m/s；$c_s$ 为横波波速，m/s；G 为剪切弹性模量，GPa；λ 为Lamb 常数；ρ 为介质密度，kg/m^3；f 为声发射波的频率，Hz。

由式(3.2)和式(3.3)可知，Lamb 波的相速度 c 与频率 f 有关。板厚一定时，频率越高，则相速度越低。于是在波的传播过程中各频率成分逐渐分开，这种现象称为频散。凡传播受到介质界面限制的波称为循轨波(如在薄板、管、细棒中)，其特点是存在频散现象。

2) Lamb 波的群速度

若相速度与频率无关，则群速度在数值上等于相速度。在工程中常用群速度表示脉冲峰的传播速度。在一般情况下，群速度的表达式为

$$c_g=\frac{c_0}{1-\frac{\omega_0}{c_0}\left(\frac{\mathrm{d}c}{\mathrm{d}\omega}\right)\Big|_0} \tag{3.4}$$

式中，c 为相速度，m/s；c_0 为波群中的平均相速度，m/s；ω_0 为波群中的平均角频率，rad/s；$\left(\frac{\mathrm{d}c}{\mathrm{d}\omega}\right)\Big|_0$ 为导数$\frac{\mathrm{d}c}{\mathrm{d}\omega}$在平均角频率 ω_0 的值。

3.3　声发射信号参数分析技术

3.3.1　特性参数的基本定义

表征声发射信号基本特性的参数如下。

(1) 撞击：通过门槛并使某一个系统通道获取数据的任何信号称为一个撞击。该参数反映 AE 活动的总量和频度，常用于 AE 活动性评价。

(2) 撞击计数：系统对撞击的累计计数，分为总计数和计数率。所谓计数率是指单位时间的累计个数。

(3) 声发射事件:产生声发射的一次材料局部变化称为一个声发射事件。对检测系统而言,一个声发射事件是指一个或几个撞击所鉴别出来的一次材料局部变化。

(4) 声发射事件计数:检测系统对鉴别出来的声发射事件的累积结果,分为总计数和计数率。

(5) 振铃计数:越过门槛信号的振荡次数,可分为总计数和计数率。

(6) 幅度:事件信号波形的最大振幅值,不受门槛的影响。通常用 dB 表示(传感器输出 1μV 为 0dB)。

(7) 有效值电压(U_{rms}):采样时间内信号电平的均方根值。该参数值与声发射的大小有关,测量简便,不受门槛的影响,主要用于连续型声发射活动性评价。

(8) 平均信号电平(ASL):采样时间内信号电平的均值,以 dB 表示。对幅度动态范围要求高而时间分辨率要求不高的连续型信号,尤为有用;也用于背景噪声水平的测量。

(9) 持续时间:时间信号第一次越过门槛至最终降至门槛所历程的时间间隔,以μs 表示。它与振铃相关,近似于振铃计数与传感器每一次振荡时间周期的乘积。

(10) 能量计数:时间信号检波包络线下的面积。能量计数可以反映事件的相对能量或强度,对门槛、工作频率和传播特性不甚敏感,可取代振铃计数,也用于波源的类型鉴别。

(11) 上升时间:事件信号第一次越过门槛至最大振幅所历程的时间间隔,以μs 表示。

3.3.2 基本特性参数的计算方法

1) 振铃计数率 N_t

声发射信号振铃计数是指声发射信号超过预设门限阈值的次数(图 3.1),而信号单位时间内超过预设阈值的次数则称为振铃计数率。振铃计数与换能器的特性、门槛电压设置、系统增益等因素有关,其计算式为[11]

$$N_t = \frac{f_0}{\beta} \ln \frac{U_p}{U_t} \tag{3.5}$$

式中, N_t 为振铃计数率; f_0 为传感器响应中心频率; β 为声发射信号衰减系数; U_p 为声发射信号峰值电压,V; U_t 为声发射信号阈值电压,V。

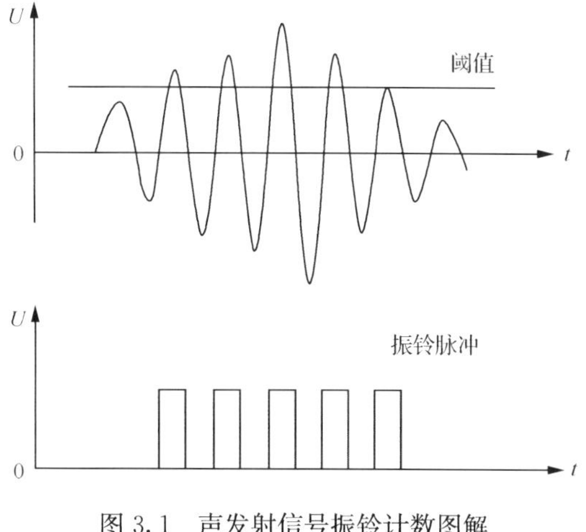

图 3.1　声发射信号振铃计数图解

2) 有效值电压

有效值电压(U_{rms})是声发射信号能量检测的主要方法之一，可实现泄漏声发射信号的定量测量，其主要优点有：检测方便，无须建立声发射信号模型；反应灵敏，可实现对小幅值信号的精确检测。因此，本书将以 U_{rms} 作为表征泄漏声发射信号的主要特征监测指标。

设声发射信号电压为 $U(t)$，则其有效值电压 U_{rms} 定义为[12]

$$U_{rms}=\left(\frac{1}{\Delta T}\int_0^{\Delta T}U^2(t)\mathrm{d}t\right)^{\frac{1}{2}} \tag{3.6}$$

式中，ΔT 是平均时间；$U(t)$ 是随时间变化的信号电压。

3) 中心频率

中心频率(f_c)是声发射信号的一个频域特征参数，指声发射信号幅值谱的质心频率，它可以反映出声发射信号的频率分布范围，可与振铃计数率一起定性诊断被检测热力设备的工作状态。其计算式为

$$f_c=\frac{\sum A\cdot f}{\sum A} \tag{3.7}$$

式中，f_c 为中心频率；A 为声发射信号幅值；f 为声发射信号频率。

4) 平均信号电平

平均信号电平(ASL)是指采样时间内信号电平的均值，描述连续型声发射信号平均幅值变化的参数。它与有效值电压的作用相似，也是一个平均读

数。两者主要区别在于:有效值电压的单位为伏特(V),而 ASL 的单位为分贝(dB)。ASL 描述的是信号幅值随时间的变化,计算公式为

$$\mathrm{ASL} = 20\lg(U_{\mathrm{rms}} \times 10^6 / 1\mu\mathrm{V}) - \mathrm{Pre} \tag{3.8}$$

式中,Pre 表示前放的增益值。

声发射信号特征参数分析法具有简单直观、易于理解、易于测量的特点。但是,声发射参数只是对声发射信号波形某个特征的描述,用其表征整个声发射源的特征具有局限性;同时,特征参数分析法最大的缺点是有关 AE 源本质的信息往往被谐振式传感器自身的特点所掩盖或模糊,实验结果的重复性很差[13]。故信号分析处理中,常将其作为声发射信号研究的辅助分析手段。

3.4 声发射信号波形分析技术

随着计算机技术和传感器技术的发展,声发射检测技术研究方向和重点已由早期声发射参数分析法转移到今天的声发射波形信号分析。波形分析是指依据所记录的声发射信号时域波形,采用信号处理方法对其进行分析以获取声发射源信息的一种信号处理方法,它能提供更全面更详尽的声发射源信息[14]。

目前,现代声发射信号波形分析方法有:高阶谱分析、小波分析法、分形理论、神经网络识别分析法等。从理论上讲,这些方法可以给出任何所需信息,具有对 AE 破坏信号易于识别和区分,能更好去除噪声和识别声发射源,可实现对声发射信号定量分析等优点,但这些工作大都停留于实验室研究,要想将其应用于工程实际还有待进一步研究和证实[15]。因此,本书将采用相对简单且实用的幅值谱和功率谱对泄漏声发射信号进行分析处理,采用小波分析法对泄漏声发射信号进行分析与处理,从而实现热力设备内部泄漏故障的诊断。

3.4.1 信号幅值谱分析

离散非周期信号幅值谱分析的数学手段是离散傅里叶变换,时域离散信号 $x(n)$ 与其傅里叶变换 $X(k)$ 构成时域、频域变换偶对,其表达式为[16,17]

$$X(k) = \sum_{n=0}^{N-1} x(n)\mathrm{e}^{-\mathrm{j}2\pi nk/N} (k = 0,1,\cdots,N-1) \tag{3.9}$$

$$x(n) = \frac{1}{N}\sum_{k=0}^{N-1} X(k)\mathrm{e}^{+\mathrm{j}2\pi nk/N} (n = 0,1,\cdots,N-1) \tag{3.10}$$

式中，$X(k)$ 为离散频谱的第 k 个值；$x(n)$ 为时域采样的第 n 个值；N 为采样点数。

然而，对于直接的离散傅里叶变换（DFT）运算，N 个采样点要作 N^2 次运算，且当 N 值增大时，其运算工作量会迅速增加，从而大大减小了 DFT 的实用性。利用 DFT 矩阵的多余性推导出的快速傅里叶变换（FFT）算法则把 N^2 步运算减少为 $(N/2)\log_2 N$ 步，极大地提高了运算速度，且随着 N 值的增大，其优越性更加显著，而精度却没有任何损失。因此，FFT 现已取代 DFT，成为了进行谱分析和信号实时处理的重要工具。

3.4.2　信号功率谱分析

功率谱估计又称为功率谱密度估计，也是信号分析处理方法中的一种，它表示的是信号功率随频率的变化，这里，信号的功率是指其平均功率，定义式为[18]

$$P(\omega) = \lim_{T\to\infty} \frac{1}{T} \int_{-T/2}^{T/2} |f(t)|^2 \mathrm{d}t \tag{3.11}$$

式中，$P(\omega)$ 为信号的功率；$f(t)$ 为在时间区间 $(-T/2, T/2)$ 内的信号。

本书的功率谱估计所采用的方法是周期图法中的间接法，主要计算过程是指先计算出样本函数的自相关函数，然后再对其进行傅里叶变换，随机过程单一样本在观测时间 $2T_0$ 内的平均自相关函数 $R_{xx}(\tau)$ 表达式为[18]

$$R_{xx}(\tau) = \frac{1}{2T_0}\int_{-T_0}^{T_0} x^*(t)x(t+\tau)\mathrm{d}t \tag{3.12}$$

式中，$x(t+\tau)$ 是样本函数；$x^*(t)$ 是 $x(t)$ 的共轭函数。自相关函数 $R_{xx}(\tau)$ 再经过傅里叶变换后即得功率谱密度估计函数 $P_{xx}(F)$：

$$\begin{aligned} P_{xx}(F) &= \int_{-T_0}^{T_0} R_{xx}(\tau)\mathrm{e}^{-\mathrm{j}2\pi F\tau}\mathrm{d}\tau \\ &= \frac{1}{2T_0}\int_{-T_0}^{T_0}\left[\int_{-T_0}^{T_0} x^*(t)x(t+\tau)\mathrm{d}\tau\right]\mathrm{e}^{-\mathrm{j}2\pi F\tau}\mathrm{d}\tau \\ &= \frac{1}{2T_0}\left|\int_{-T_0}^{T_0} x(t)\mathrm{e}^{-\mathrm{j}2\pi Ft}\mathrm{d}t\right|^2 \end{aligned} \tag{3.13}$$

3.4.3　信号小波分析

1）基本表达式

傅里叶变换不能处理局部信号，而小波分析法能够克服这个方面的不足。

小波分析可以根据信号的具体形态调整其时间分辨率和频率分辨率。在对低频信号进行分析时，它可以适当提高频率的分辨率而采用较低的时间分辨率；在对高频信号进行分析时，它可以适当降低频率的分辨率来换取精确的时间定位[19]。

小波变换的含义可表示为：将分析小波函数 $\psi(t)$ 平移 τ 以后，然后在不同尺度 a 下和待分析的信号 $x(t)$ 进行内积[20]，即

$$\mathrm{WT}_x(a,\tau)=\frac{1}{\sqrt{a}}\int_{-\infty}^{+\infty}x(t)\psi^*\left(\frac{t-\tau}{a}\right)\mathrm{d}t,\quad a>0 \tag{3.14}$$

$$\mathrm{WT}_x(a,\tau)=\frac{\sqrt{a}}{2\pi}\int_{-\infty}^{+\infty}X(\omega)\psi(a\omega)\mathrm{e}^{\mathrm{j}\omega\tau}\mathrm{d}\omega \tag{3.15}$$

式中，$X(\omega)$、$\psi(\omega)$ 分别为 $x(t)$、$\psi(t)$ 的傅里叶变换，小波 $\psi(t)$ 经过伸缩和平移后得到的一系列函数 $\{\psi_{a,\tau}(t)\}$ 即为小波基函数。

小波包分析是在小波分析的基础上的一种推广，它对小波分解过程中没有细分的高频信号部分再进一步进行分解，从而达到对信号更精细的刻画。在工程实际应用中，小波基函数的选择没有系统的方法，一般都是依据小波基函数本身属性、信号的特征以及待分析的具体要求来确定所使用的小波基函数。考虑到热力设备内部泄漏声发射信号的特征，为了同时满足在时域上紧支、离散小波、利于实际工程上计算等要求，经过筛选，本书采用常用的 Daubechies(N)小波来进行泄漏声发射信号的小波包分析，小波消失矩在 4～10 范围内选择。

2) 最佳分解尺度的选择

对信号的小波包分析，选择好小波函数以后还需要对信号分解过程中最佳分解尺度进行选择确定。尺度的确定至关重要，尺度越大，频域划分得越细，从而运算量也就大。检测系统所采集的信号为离散序列，用小波包来分解时所分解尺寸是有一定限制的，当小波分解尺度达到一个最大值(最大分解尺度)后，若继续对信号进行更深尺度的分解，则得到的信号特征失去了有效性。

本书依据实际采集信号的采样率和采样点数来选定小波分解尺度的最佳范围。计算公式为[21]

$$J\leqslant \log_2 N \tag{3.16}$$

式中，J 为分解尺度；N 为采样点数。

由此可知，小波分解尺度应小于式(3.16)右边的数值，且按经验一般取 $N=f_s/100$，其中 f_s 为采样频率。相关研究表明：对声发射信号进行小波分

析时,3～5层的分解尺度已能满足分析要求[22]。为获取热力设备内部泄漏声发射信号良好的细节特征,本书研究采用5层的小波分解来对采集的泄漏声发射信号进行分析。

3.5　阀门泄漏信号小波包分析

本节以阀门泄漏声发射信号的小波包分析为例,陈述如何对热力设备内部泄漏声发射信号进行小波分析,提取内部泄漏的特征信息。

3.5.1　阀门泄漏信号频率段划分

系统采样率设置为1M,由香农(Shannon)采样定理可知,其奈奎斯特(Nyquist)频率为500kHz。根据小波包分解原理,选取db10为小波基,将阀门泄漏信号分解到第5层,共有2^5(32)个小波包,每个子频段宽为15.625kHz。阀门泄漏声发射信号频率主要集中在30～250kHz,所以选取前15个节点来进行分析。阀门泄漏声发射信号各频段范围见表3.1。

表3.1　阀门泄漏声发射信号各频率段范围　(单位:kHz)

名称	频率段范围	名称	频率段范围
P1	0.000～15.625	P9	125.000～140.625
P2	15.625～31.250	P10	140.625～156.250
P3	31.250～46.875	P11	156.250～171.875
P4	46.875～62.500	P12	171.875～187.500
P5	62.500～78.125	P13	187.500～203.125
P6	78.125～93.750	P14	203.125～218.750
P7	93.750～109.375	P15	218.750～234.375
P8	109.375～125.000	…	…

3.5.2　阀门泄漏信号各频率段能量分布特征

阀门泄漏声发射信号的能量来自泄漏流体内湍流产生的波动压力场,且泄漏口的几何形状对声发射信号的能量也有影响;由于泄漏口形状不同,流体泄漏产生的湍流流场不同,产生的声发射信号的频谱分布存在差异,所以不同的泄漏模式决定了泄漏声发射信号的能量分布。

不同的阀门泄漏类型声发射信号包含不同的信息成分,信号小波包分解后，在各个分解尺度分量中的分布情况存在一定的差异，这是由目标声源的不同特征造成的。因此，对样本信号的能量分布情况进行分析，就能识别出分析信号所属的类型。声发射信号经过小波包分解后得到各个频率段区间的能量，用 $E_i(i=1,2,3,\cdots,2^5-1)$ 表示，则

$$E_i=\sum_{k=1}^{m}|x_{ik}|^2 \tag{3.17}$$

式中，$x_k(k=1,2,\cdots,m,m$ 为信号的离散采样点数)表示重构信号第 i 频率段离散点的幅值。

声发射信号特征频率区间的总能量 E 及各个小波包分解序列能量占总能量的百分比 F_i 分别为

$$E=\sum_{1}^{2^5-1}E_i \tag{3.18}$$

$$F_i=\frac{E_i}{E}\times 100\% \tag{3.19}$$

3.5.3 阀门泄漏信号声发射信号特征提取方法

由以上分析可知，不同泄漏模式下，阀门因泄漏产生的声发射信号能量值有规律性差异，因此，对泄漏声发射信号进行小波包分析，通过数据处理获得各子频率段信号能量占信号总能量的百分比情况。分析两种泄漏模式各工况下信号各频率段能量比的分布情况，从而确定泄漏模式的特征频率段。

相关研究表明：阀门内部流体泄漏所产生湍射流类似于声发射源产生的声发射信号，该信号在时域内是连续的波形[23-26]。

文献[27]中阐述到，阀门内部泄漏产生声发射一定是四极子和高阶声源释放弹性波的结果，其将莱特希尔方程应用于阀门内部泄漏故障，得到基于流体参数的阀门泄漏声功率 P_s 计算公式为

$$P_s=C_0\cdot\frac{P_1^4d^{16}}{\alpha^5\rho^3D^{14}} \tag{3.20}$$

式中，C_0 是比例常数；P_1 为阀门进口压力，Pa；d 是泄漏孔直径，m；α 为声音在流体中的速度，m/s；ρ 为阀门泄漏口处流体密度，kg/m^3；D 为阀门公称直径，m。

相关理论及实验研究表明，当阀门内部流体介质不同时，其泄漏声发射信

号均方值 AE_{rms}^2（与有效值电压 U_{rms} 等效）与阀门泄漏声功率 P_s 的关系及阀门体积泄漏率与流体参数的关系也不同。

1）阀内流体为液体

由帕塞瓦尔定理可知：在任何一个域中计算所得信号能量值是相等的[28]。因此，可直接定义阀门内部液体泄漏的声功率 P_s 与信号的均方值 AE_{rms}^2 关系为

$$AE_{rms}^2 = \beta P_s \tag{3.21}$$

式中，β 为小于 1 的比例系数（声发射传感器检测到的信号能量只是泄漏声发射信号能量的一部分，而不是信号能量的全部）。

因此，泄漏声发射信号均方值 AE_{rms}^2 与阀门流体参数的关系为

$$AE_{rms}^2 = \beta C_0 \cdot \frac{P_1^4 d^{16}}{\alpha^5 \rho^3 D^{14}} \tag{3.22}$$

同时，在里昂氏阀门百科全书中定义了阀门内部液体泄漏时，阀门的理论体积泄漏率计算公式为[29]

$$Q = 29.81 c_f d^2 \sqrt{\frac{\Delta P}{\rho}} \tag{3.23}$$

式中，Q 为阀门理论体积泄漏率，m^3/s；c_f 为阀门阻尼孔系数，无量纲系数；ΔP 为流体通过阀门压降，Pa。整理式(3.23)得

$$d = \left(\frac{Q}{29.81 c_f}\right)^{\frac{1}{2}} \left(\frac{\rho}{\Delta P}\right)^{\frac{1}{4}} \tag{3.24}$$

将式(3.24)代入式(3.22)得泄漏声发射均方值 AE_{rms}^2 和阀门理论体积泄漏率 Q 的关系为

$$AE_{rms}^2 = C_1 \cdot \frac{\rho}{\alpha^5 D^{14}} \left(\frac{Q}{c_f}\right)^8 \left(\frac{P_1}{\Delta P}\right)^4 \tag{3.25}$$

式中，C_1 为简化的流体变量函数（其忽略了声发射传感器、设备增益、参考电压、信号衰减和阀体材料等因素的影响）。

整理式(3.25)得

$$\frac{AE_{rms}^2}{Q^8} = \frac{1}{\alpha^5 \rho^3} \left(\frac{P_1 S}{\Delta P}\right)^4 \times \left(\frac{C_1}{c_f^8 D^{14}}\right) = k_1 \times k_2 \tag{3.26}$$

式中，左边是测量的声发射信号能量与泄漏流量的关系；右边包括两部分：第

一部分(k_1)与流体性质与参数有关,第二部分(k_2)与阀门型号与尺寸有关。只要阀门和流体参数一定,$k_1 \times k_2$ 基本一定。定义:$k = k_1 \times k_2$,则式(3.26)可变形为

$$Q^8 = \frac{\mathrm{AE}_{\mathrm{rms}}^2}{k} \tag{3.27}$$

$$Q = \sqrt[8]{\frac{\mathrm{AE}_{\mathrm{rms}}^2}{k}} \tag{3.28}$$

2) 阀内流体为气体

文献[30]中,定义阀门内部气体泄漏的声功率 P_s 与信号的均方值 $\mathrm{AE}_{\mathrm{rms}}^2$ 关系为

$$\mathrm{AE}_{\mathrm{rms}}^2 = f(P_s) \tag{3.29}$$

式中,f 是非线性函数。

阀门内部气体泄漏时,阀门的理论质量泄漏率计算公式为

$$W = \frac{c_f P_1 \pi d^2}{4\sqrt{RT}} \sqrt{\gamma \left(\frac{2}{\gamma+1}\right)^{\frac{\gamma+1}{\gamma-1}}} \tag{3.30}$$

式中,W 为阀门理论质量流量,kg/s;γ 为绝热指数,无量纲量;R 为气体常数,J/(kg · K);T 为热力学温度,K。

阀门理论体积泄漏率计算公式为

$$Q = \frac{c_f P_1 \pi d^2}{4\rho\sqrt{RT}} \sqrt{\gamma \left(\frac{2}{\gamma+1}\right)^{\frac{\gamma+1}{\gamma-1}}} \tag{3.31}$$

令 $\kappa = \sqrt{\gamma \left(\frac{2}{\gamma+1}\right)^{\frac{\gamma+1}{\gamma-1}}}$,则

$$d = \left(\frac{4Q\rho\sqrt{RT}}{\pi c_f \kappa P_1}\right)^{\frac{1}{2}} \tag{3.32}$$

将式(3.31)代入式(3.19),并基于流体过程参数进行简化得

$$P_s = g\left(\left(\frac{\rho}{\alpha}\right)^5 \left(\frac{RT}{P_1}\right)^4 \frac{Q^8}{D^{14}}\right) \tag{3.33}$$

式中,g 是非线性函数。

气体密度受阀门进口压力、气体常数及温度影响变化很大，而由波义耳法则可知：理想气体密度 $\rho = \dfrac{P_1}{RT}$，代入式(3.33)得

$$P_s = g\left(\frac{P_1 Q^8}{RT\alpha^5 D^{14}}\right) \tag{3.34}$$

将式(3.34)代入式(3.29)得

$$\mathrm{AE}_{\mathrm{rms}}^2 = f\left(\frac{P_1 Q^8}{RT\alpha^5 D^{14}}\right) \tag{3.35}$$

整理式(3.35)得

$$\frac{\mathrm{AE}_{\mathrm{rms}}^2}{Q^8} = f\left(\frac{P_1}{RT\alpha^5} \times \frac{1}{D^{14}}\right) = f(k_1 \times k_2) = f(k) \tag{3.36}$$

将式(3.36)变形得

$$Q^8 = f\left(\frac{\mathrm{AE}_{\mathrm{rms}}^2}{k}\right) \tag{3.37}$$

$$Q = f\left(\left(\frac{\mathrm{AE}_{\mathrm{rms}}^2}{k}\right)^{\frac{1}{8}}\right) \tag{3.38}$$

3) 阀内流体为气液两相流

本书定义阀门内部汽液两相流泄漏的声功率 P_s 与信号的均方值 $\mathrm{AE}_{\mathrm{rms}}^2$ 关系仍为

$$\mathrm{AE}_{\mathrm{rms}}^2 = f(P_s) \tag{3.39}$$

而文献[31]在阐述分析基于均相流模型的喷管汽液两相流流动的基础上，通过实验研究提出阀门内部汽液两相流泄漏质量流量计算公式为

$$W = K_d W_{\mathrm{mod}} \tag{3.40}$$

式中，$K_d = m(P_2/P_1) + q$(P_2 为阀门出口压力；m、q 为常数)，为流量系数；W_{mod} 为均相流模型计算质量流量。

由均相流模型中的 ω 计算法知，汽液两相流的无量纲质量流量计算式[32,33]为

$$\frac{G}{(P_1/v_1)^{\frac{1}{2}}} = \frac{\langle -2\{\omega \ln(P_2/P_1) + (\omega - 1)[1 - (P_2/P_1)]\}\rangle^{\frac{1}{2}}}{\omega(P_1/P_2 - 1) + 1} \tag{3.41}$$

式中，G 为质量流速，kg/(s · m^2)；v_1 为阀门进口比体积，kg/m^3；ω 为压缩系数。

汽液两相流的均相流模型的理论质量流量为

$$W_{\mathrm{mod}}=\frac{\pi d^2\langle-2\{\omega\ln(P_2/P_1)+(\omega-1)[1-(P_2/P_1)]\}\rangle^{\frac{1}{2}}(P_1/v_1)^{\frac{1}{2}}}{4[\omega(P_1/P_2-1)+1]} \tag{3.42}$$

将式(3.42)代入式(3.41)并整理计算得阀门内部汽液两相流的理论体积泄漏率为

$$Q=\frac{[m(P_2/P_1)+q]\pi d^2\langle-2\{\omega\ln(P_2/P_1)+(\omega-1)[1-(P_2/P_1)]\}\rangle^{\frac{1}{2}}(P_1/v_1)^{\frac{1}{2}}}{4\rho[\omega(P_1/P_2-1)+1]} \tag{3.43}$$

令 $\xi=\dfrac{[m(P_2/P_1)+q]\langle-2\{\omega\ln(P_2/P_1)+(\omega-1)[1-(P_2/P_1)]\}\rangle^{\frac{1}{2}}}{\omega(P_1/P_2-1)+1}$，

则

$$d=\left(\frac{4\sqrt{\rho}Q}{\pi\xi\sqrt{P_1}}\right)^{\frac{1}{2}} \tag{3.44}$$

将式(3.44)代入式(3.20)，整理得

$$P_s=\frac{C\rho Q^8}{\alpha^5D^{14}\xi^8} \tag{3.45}$$

式中，C 为比例常数。

将式(3.45)代入式(3.39)，得

$$\mathrm{AE}_{\mathrm{rms}}^2=f\left(\frac{C\rho Q^8}{\alpha^5D^{14}\xi^8}\right) \tag{3.46}$$

整理式(3.46)得

$$\frac{\mathrm{AE}_{\mathrm{rms}}^2}{Q^8}=f\left(\frac{C\rho}{\alpha^5\xi^8}\times\frac{1}{D^{14}}\right)=f(k_1\times k_2)=f(k) \tag{3.47}$$

将式(3.47)变形得

$$Q^8=f\left(\frac{\mathrm{AE}_{\mathrm{rms}}^2}{k}\right) \tag{3.48}$$

$$Q = f\left(\left(\frac{\mathrm{AE}_{\mathrm{rms}}^2}{k}\right)^{\frac{1}{8}}\right) \tag{3.49}$$

由以上分析可知,在阀门结构、阀内介质以及阀门前流体参数不变的情况下,可通过试验测量阀门若干个泄漏工况的声发射信号均方值$(\mathrm{AE}_{\mathrm{rms}}^2)_1$、$(\mathrm{AE}_{\mathrm{rms}}^2)_2$、$(\mathrm{AE}_{\mathrm{rms}}^2)_3$ 等以及这些试验泄漏工况对应的泄漏率 Q_1、Q_2、Q_3 等。再将各试验工况下所得的试验数据进行广义二乘法拟合,即可获得阀门内部流体泄漏率与泄漏声发射信号均方值之间的回归方程为

$$Q = a_0 + a_1 \times \mathrm{AE}_{\mathrm{rms}} + a_2 \times \mathrm{AE}_{\mathrm{rms}}^2 + a_3 \times \mathrm{AE}_{\mathrm{rms}}^3 + \cdots \tag{3.50}$$

一般来说,取方程的前三阶即可满足检测精度要求。

对某一实际检测工况,若计算出的声发射信号的均方根值为 $\mathrm{AE}_{\mathrm{rms}}$,则将该值代入式(3.50),即可获得该工况的阀门体积泄漏率 Q。

同时,在阀门和流体参数一定的情况下,$k = k_1 \times k_2$ 基本一定且可通过计算得到,则对应每一泄漏工况$\frac{\mathrm{AE}_{\mathrm{rms}}^2}{k}$有唯一值。实时检测时,将检测工况下$\frac{\mathrm{AE}_{\mathrm{rms}}^2}{k}$值与故障区间值$\left[\left(\frac{\mathrm{AE}_{\mathrm{rms}}^2}{k}\right)_A, \left(\frac{\mathrm{AE}_{\mathrm{rms}}^2}{k}\right)_B\right]$(JB/T9092—1999 阀门最大允许泄漏量检测标准值 A 及各类型、大小及位置处阀门的经验允许泄漏率 B 所对应$\frac{\mathrm{AE}_{\mathrm{rms}}^2}{k}$值)相比较,即可实现阀门泄漏故障的分级诊断与报警。

3.6 本章小结

(1) 发电厂热力设备内部泄漏声发射信号有三种声源:机械振动发声、汽蚀发声、湍流或空气动力学发声。

(2) 表征声发射信号的基本特性的主要参数有:撞击计数及计数率、声发射事件及计数率、声发射振铃计数及计数率、有效值电压(U_{rms})、平均信号电平(ASL)、能量计数等。

(3) 波形分析技术是泄漏声发射信号分析的常用方法,该类方法包括下列基本方法:信号的幅值谱分析、信号的功率谱分析、小波分析。

(4) 通过泄漏声发射信号的小波包分析,建立起声发射特征参数与流体泄漏率的理论关系,为热力设备内部泄漏故障诊断提供了理论依据。

参考文献

[1] 龙飞飞. 新型声发射监测系统与定位技术研究[D]. 大庆:大庆石油学院,2002.

[2] 杨明纬. 声发射检测[M]. 北京:机械工业出版社,2005.

[3] 袁振明,马羽宽,何泽云. 声发射技术及其应用[M]. 北京:机械工业出版社,1985.

[4] 石志标,陈向伟,张学军. 声发射技术在阀门检漏中的应用[J]. 无损检测,2004,26(8):391-392,401.

[5] 王建海. 炉内换热器泄漏监测系统信号处理方法研究[D]. 北京:华北电力大学,2005.

[6] Hunaidi O,Chu W T. Acoustical characteristics of leak signals in plastic water distribution pipes[J]. Applied Acoustics,1999,58:235-254.

[7] 耿荣生,沈功田,刘时风,等. 声发射信号处理和分析技术[J]. 无损检测,2002,24(1):23-28.

[8] 黄长艺,严普强. 机械工程测试技术基础[M]. 北京:机械工业出版社,2005.

[9] 李涌. 充液管道泄漏的模态声发射技术研究[D]. 北京:北京工业大学,2003.

[10] 王祖荫. 声发射技术基础[M]. 济南:山东科学技术出版社,1990.

[11] 李为杜. 混凝土无损检测技术[M]. 上海:同济大学出版社,1989.

[12] 沈功田,耿荣生,刘时风,等. 声发射信号的参数分析方法[J]. 无损检测,2002,24(2):164-167.

[13] 胡昌洋,杨钢锋,黄振峰,等. 声发射技术及其在检测中的应用[J]. 计量与测试技术,2008,35(6):1-3.

[14] 施克仁. 无损检测新技术[M]. 北京:清华大学出版社,2007.

[15] 刘国华. 声发射信号处理关键技术研究[D]. 杭州:浙江大学,2008.

[16] 郑君里,应启珩,杨为理. 信号与系统[M]. 北京:高等教育出版社,2007.

[17] 郑链,吴晓兵,王克勇,等. 信息识别技术[M]. 北京:机械工业出版社,2006.

[18] 姜常珍. 信号分析与处理[M]. 天津:天津大学出版社,2000.

[19] 张德丰. MATLAB小波分析[M]. 北京:机械工业出版社,2009.

[20] 唐晓初. 小波分析及其应用[M]. 重庆:重庆大学出版社,2006.

[21] 齐晓轩,纪建伟,韩晓微. 机动车声信号能量特征的小波包提取[J]. 沈阳:沈阳农业大学学报,2011,3(4):56-58.

[22] 朱益军. 基于声发射检测的滑动轴承状态诊断技术研究[D]. 长沙:长沙理工大学,2011.

[23] Lee J H,Lee M R,Kim J T, et al. A study of the characteristics of the acoustic emission signals for condition monitoring of check valves in nuclear power plants[J]. Nuclear Engineering and Design,2006,236:1411-1421.

[24] Püttmer A,Rajaraman V. Acoustic emission based online valve leak detection and testing[J]. IEEE Ultrasonics Symposium,2007:1854-1857.

[25] Lee S G, Park J H, Yoo K B, et al. Evaluation of internal leak in value using acoustic emission method[J]. Key Engineering Materials, 2006,326-328:661-664.

[26] 张艾萍,金建国. 声发射检漏仪在阀门密封性检验中的应用[J]. 阀门,2002,4:39-41.

[27] Kaewwaewnoi W,Prateepasen A,Kaewtrakulpong P. Investigation of the relationship between internal fluid leakage through a valve and the acoustic emission generated from the leakage[J]. Measurement,2010,2(43):274-282.

[28] Chen P,Chua P S K, Lim G H. A study of hydraulic seal integrity[J]. Mechanical Systems and Signal Processing,2007,21(2):1115-1126.

[29] Lyons J L, Askland C L. Lyons Encyclopedia of Valves[M]. New York: Van Nostrand Reinhold Company,1975.

[30] Prateepasen A,Kaewwaewnoi W,Kaewtrakulpong P. Smart portable noninvasive instrument for detection of internal air leakage of a valve using acoustic emission signals[J]. Measurement,2011,44,378-384.

[31] Boccardi G,Bubbico R,Celata G P,et al. Two-phase flow through pressure safety valves. Experimental investigation and model prediction[J]. Chemical Engineering Science,2005,60:5284-5293.

[32] 连桂森. 多相流基础[M]. 杭州:浙江大学出版社,1989.

[33] 丁立新,胡志宏. 电厂锅炉原理[M]. 北京:中国电力出版社,2006.

第 4 章　表面式换热器内部泄漏声发射诊断实验研究

4.1　概　　述

换热器是火电厂重要辅助设备，及时发现换热器内换热管的早期泄漏对发电厂来说具有重要意义。声发射检测技术作为无损检测的一项重要技术，将其应用于换热器早期内部泄漏的在线检测对电力生产来说具有重要应用价值。本章主要用实验方法模拟表面式换热器中换热管产生缝隙泄漏工况，探索泄漏故障的声发射信号检测方法与技术，泄漏声发射信号特征的提取技术，探索声发射信号的定量特征与泄漏状态的定量关系。

大量研究表明，传统的傅里叶变换方法对于声发射信号的处理达不到理想的效果。近年来兴起的小波分析方法弥补了傅里叶变换处理非平稳信号的不足，它在声发射技术的不同应用领域内均得到了可靠的验证。本章使用小波变换方法分析换热器内部泄漏声发射信号，研究泄漏声发射信号不同尺度分解信号的特征，找到最能表征泄漏状态特征的分解信号，从中提取泄漏故障特征，并建立信号特征与泄漏状态特征的定量关系，为诊断换热器内部泄漏故障提供实验依据。

4.2　换热器管缝隙泄漏模拟实验方案设计

4.2.1　内漏故障检测模拟实验台简介

由于换热器结构与原理较为复杂，为突出研究重点，本章基于相似性原理设计换热管泄漏实验台。在设计实验台时，考虑的主要功能是利用实验方法准确地模拟不同工况下的换热管缝隙泄漏过程，忽略了一些次要因素对实验结果的影响。作者设计的实验台系统如图 4.1 所示[1]，该实验台由下列几个关键部分组成。

1) 换热管泄漏故障模拟部分

在该实验台中，为了模拟换热管缝隙泄漏的特点，在换热管上运用线切割方法加工出一条长 30mm、宽 0.02mm 的单侧漏缝。在实验过程中，将有缝隙实验管的检测结果与无缝隙管的实验结果进行对比，根据对比结果来提取换热管的泄漏故障特征。实验用管道材质为 20 号碳钢，与电厂换热器换热管材质相当，因此利用声发射检测系统检测到的换热器声发射内漏信号与实际换热器内漏信号具有可比性。根据模拟实验台的具体实验条件和本书的主要关注点，本章实验主要模拟的是换热管冷态工况不同压差下的内漏过程。

2）压力水系统

图 4.1 中水从储水箱经过水泵进水阀进入泵后先通过水泵升压到某一固定压力值，再通过减压阀流入换热管中。在换热管入口处安装有压力表，用来读取不同工况下换热管的入口压力，调节减压阀门的开度即可控制换热管入口处的流量和压力，从而控制缝隙泄漏处的压差。从换热管缝隙处漏入管壳之间的水通过疏水管道排出，其余的水经过出口总阀处排出。

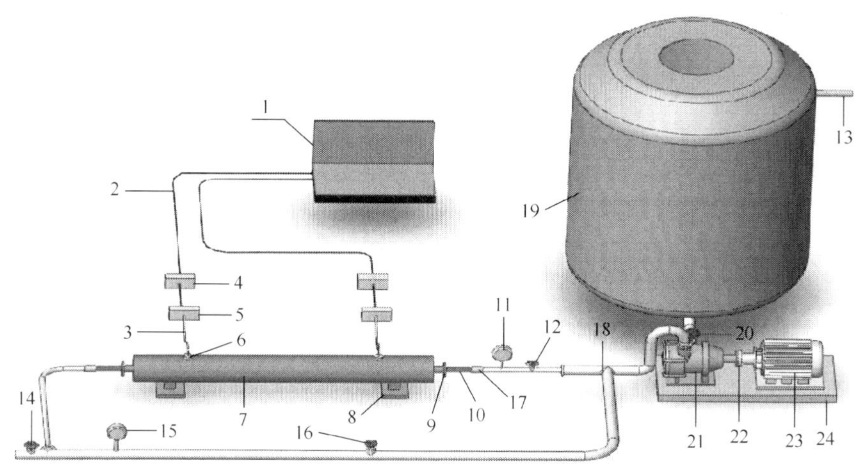

图 4.1 换热器内漏故障声发射检测模拟实验台结构示意图

1-声发射信号采集系统；2-信号线；3-BNC 接口传感器信号线；4-信号分离器；5-前置放大器；6-声发射传感器；7-换热器壳体；8-换热器底座；9-换热器封盖；10-换热管；11-入口压力表；12-减压阀；13-水箱进水管；14-出口总阀；15-辅管压力表；16-辅管控制阀；17-内螺纹接口；18-三通管；19-水箱；20-水泵进水阀；21-水泵；22-水泵转子联轴器；23-电动机；24-电动机-基座

实验过程中，换热管进口压力由多级离心泵提供，水泵由额定功率为 7.5kW 的电机驱动；实验中所需水源储水箱的直径为 1100mm、高为 1500mm。通过拧开内螺纹接头即可实现对不同缝隙换热管的更换，从而模拟多种泄漏形式。

3）泄漏信号检测与分析系统

这一部分主要由声发射传感器、前置放大器、信号采集系统、信号分析软件组成。

4.2.2 实验方案设计

1) 实验目的

本章的实验主要是为了印证第 2 章的数值模拟结论，从而得出准确的换热器缝隙泄漏定量诊断标准，旨在进一步提取及完善换热器内漏故障声发射特征库，为诊断标准的提出提供实验依据。所以，实验的主要目的如下。

(1) 探索换热器内漏故障声发射检测方法，通过实验提取不同工况下的泄漏信号。

(2) 用实验结果验证数值模拟结论所预测的泄漏变化趋势的准确性。

(3) 分析所有实验工况下的声发射信号频率分布特征。

(4) 获得定量描述工况变化和声发射信号能量之间的定量关系。

2) 检测原理

检测原理如图 4.2 所示[2]，当换热管出现缝隙时，将在管内外压差的作用下产生泄漏，在缝隙处会形成多相湍射流，并冲击周围构件产生应力波，发出声发射信号。安装在换热器表面的声发射传感器拾取到沿管壁传播出来的故障信号后将之转化为电信号，再经过降噪、滤波等处理，最后传给声发射信号处理程序进行分析处理，实现对故障信号的特征提取与分析。

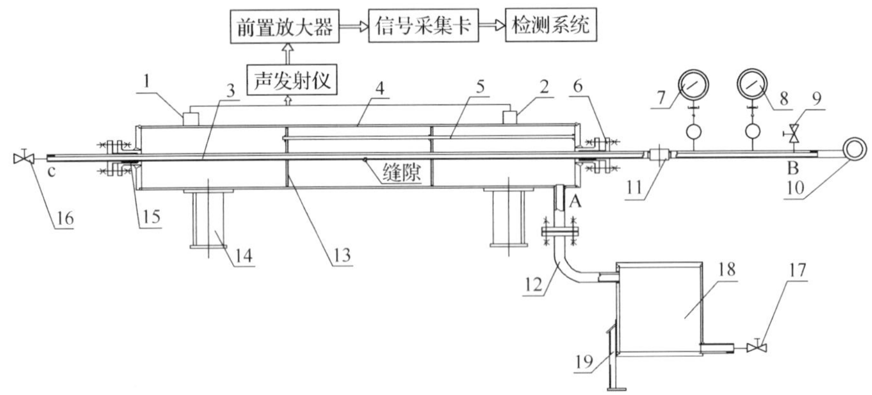

图 4.2　换热器内漏故障模拟与检测系统示意图

A-泄漏水出口；B-给水入口；C-给水出口

1-#1 传感器；2-#2 传感器；3-换热管道；4-壳体；5-拉杆；6-封盖；7-压力表；8-流量表；9-调节阀；10-水泵；11-内螺纹接头；12-疏水管；13-折流板；14-底座；15-密封填料；16-调节阀；17-阀门；18-储水灌；19-支架

3) 声发射检测系统组成

当换热管出现缝隙泄漏时,会产生一种应力脉冲波即声发射信号,这种应力波最开始在换热管上传播,再通过换热器两端的管板传至换热器外壳(即表面式换热器的外表面),然后被安装在换热器外表面的声发射信号传感器拾取。传感器将之转化为电信号后经过前置放大器将电信号放大,然后传至数据采集卡,最后在采集卡上这种电信号经过 A/D 转换器将模拟信号转换为能被计算机识别的数字信号,通过专门的应用软件对这些信号进行分析即可提取泄漏特征信息,整个检测过程的基本原理见图 4.3。

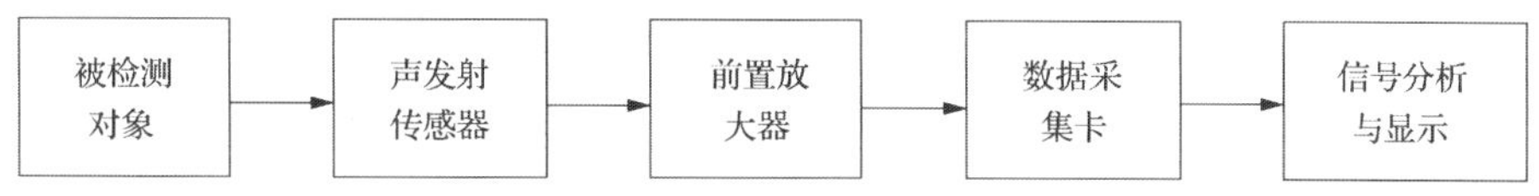

图 4.3　声发射检测原理流程图

声发射检测系统由多个独立的检测通道构成,通道的多少取决于数据采集卡的接口数量,在每一个通道中都包含一个前置放大器和一个声发射传感器,它们在数据采集卡的接口处汇集再由采集卡集中处理每个通道的数据,这些数据最后通过信号分析软件处理得出相关结论。具体的声发射检测系统结构图如图 4.4 所示[3]。

本章实验所使用的声发射信号采集系统为作者利用 LabVIEW 软件环境自行开发的,并利用同类声发射检测仪器的对比实验(包括实验室实验和工程现场试验)验证了该系统的准确性和可靠性。该检测系统的硬件系统主要由下列部件组成:两个 SR-150M 型声发射传感器、两个前置放大器、一块两通道的 PCI-20612 并行数据采集卡、计算机、信号线等。两个带有磁性座的声发射传感器通过专用的耦合剂分别贴在模拟换热器的外表面上,数据采集卡插在计算机主机上通过 PCI 总线向计算机传递信号数据。图 4.5 为声发射信号采集系统主界面。

实验中所使用的 SR-150M 型声发射传感器,由压电晶体材料制成,呈圆柱状,用高强度不锈钢材料封装。传感器放置在磁性座中,在磁力作用下传感器感应端被紧贴在换热器表面,如图 4.6 所示。其输出信号为模拟电压信号,其动态响应范围为 60～400kHz,谐振频率为 150kHz,灵敏度大于 75dB。

前置放大器主要通过屏蔽信号线与声发射传感器连接,传感器拾取的声发射信号非常微弱,需要在传感器和采集卡之间安装一个前置放大器来放大声发射信号。本实验系统选用的是声华公司的 PAV 型前置放大器(图 4.7),

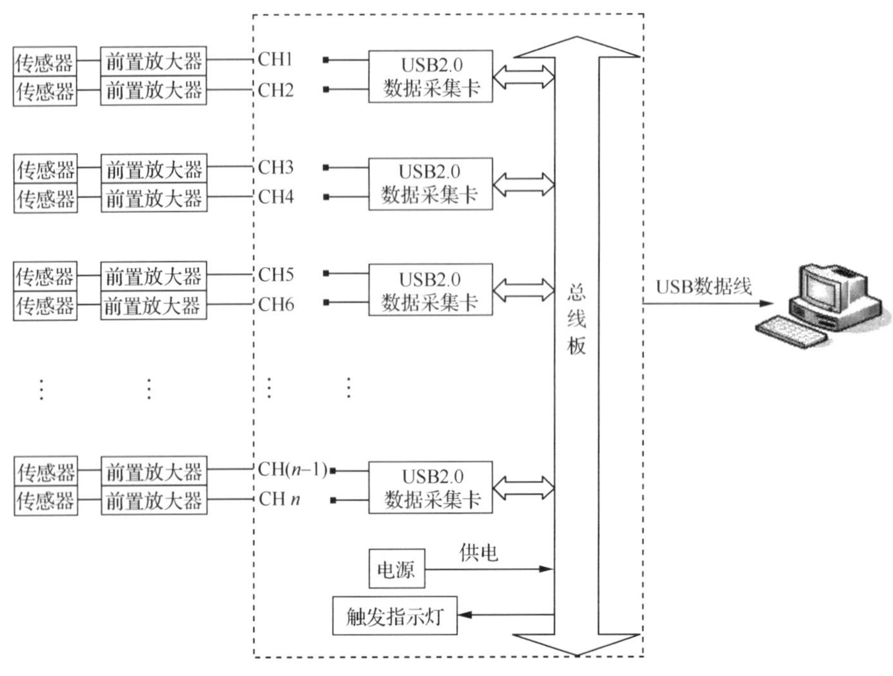

图 4.4　声发射检测系统框图

图 4.5　声发射数据采集系统

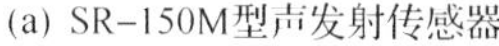
(a) SR-150M型声发射传感器

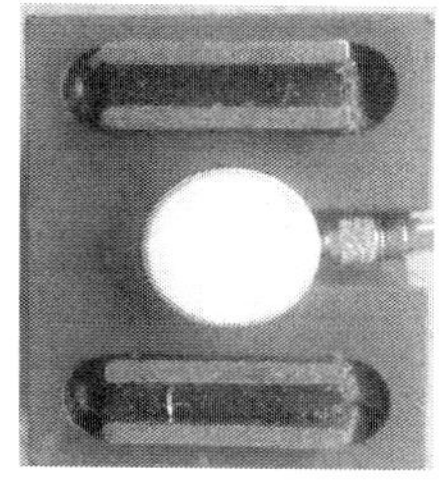
(b) 置于磁性座中的传感器

图 4.6　声发射传感器及磁性座

其特点是:抗冲击、体积小、接收频带宽、噪声低、AST 自标定。带通滤波范围为 10kHz～2MHz,增益为 40dB,由 28V 直流电源供电。

图 4.7　前置放大器

数据采集卡的主要性能指标为采样频率和采样精度,根据采样定理,只有当采样频率至少为待测频率两倍以上时采样数据才有效。本实验系统选用的采集卡为拓普公司的 4 通道 PCI-20612 并行数据采集卡(图 4.8),采用 12bit 高精度 A/D,采样频率最大可设置为 30MS/s。

图 4.8　声发射信号数据采集卡

采集卡的输入信号为前置放大器的输出信号，这些信号为连续型模拟信号，需要通过采集卡内的 A/D 转换器将其转变为离散的数字信号，然后经过 PCI 总线传入计算机供存储、分析之用。

本章实验所检测的对象是换热管缝隙泄漏声发射信号。泄漏声发射信号产生于一根带裂纹的钢管，所选钢管材质为 20 号碳钢，管内径 14.7mm、外径 24.3mm、管长 2000mm。一共备有两根完全一样的换热管道，其中一根在管道中间位置运用线切割技术割出一条 30mm 长、0.02mm 宽的单侧缝隙，如图 4.9 所示。

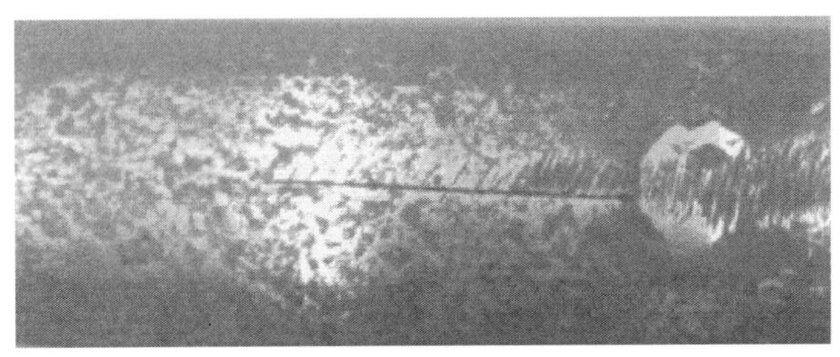

图 4.9　带裂纹的钢管(局部)

4) 实验信号处理方案

利用模拟实验台人为产生换热管缝隙泄漏故障，然后用声发射检测系统测得不同泄漏工况下的声发射信号。为提取这些信号中所包含的泄漏故障特征，重点研究下面三个方面。

(1) 找出缝隙泄漏情况下的声发射信号时域图、频谱图特征随换热管入口参数工况变化的规律。

(2) 找出无缝隙泄漏情况下声发射信号时域图、频谱图特征随换热管入口参数工况变化的规律。

(3) 通过对比分析存在缝隙泄漏与不存在缝隙泄漏两种情况下的声发射信号特征参数的变化，找出声发射信号特征参数与泄漏工况变化之间的定量关系。

5) 实验步骤

(1) 模拟实验台开机前准备。

(2) 检查实验设备及各段管路是否连接良好。

(3) 声发射信号检测系统安装、调试，声发射信号采集系统通电开机，检查各线路信号接收是否正常。

(4) 设置检测系统硬件参数。

6) 实验过程

(1) 在实验段装上无漏缝的换热管,水箱中水位达到要求后打开出水口总阀并启动电机。通过控制减压阀和辅管控制阀,使换热管入口压力表读数从 0.1MPa 变化到 0.55MPa,每次增加 0.05MPa 的压力,当压力表读数稳定后开始采集声发射信号,并记录下对应的入口压力数据。改变入口压力参数,重复进行检测。

(2) 拆卸下无漏缝的换热管,将割有缝隙的换热管装入换热器模拟实验台,模拟内漏发生工况。为减小实验误差,无漏缝换热管安装方法和方式必须与有漏缝换热管的安装方法和方式完全一致。通过调整入口压力参数来改变实验工况(实验工况的参数尽量与无漏缝换热管的实验工况参数一致),重复进行检测。

4.2.3　信号处理方法

由于实验台运行时不可避免地会存在较强的运行噪声和环境噪声,而缝隙泄漏处的泄漏信号十分微弱,采集的原始声发射信号是所有这些信号的叠加。为了准确找出泄漏的相关特征,就必须将微弱的泄漏信号从原始信号中分离出来。泄漏声发射信号是高频、连续、瞬态、非平稳信号,虽然有多种方法可用来滤去原始信号的噪声,但除噪的效果不甚理想。信噪分离与微弱信号提取是小波分析方法的一大优势,它能将原始信号分解为不同频段的信号,设定合理的阈值进行滤波,最终找出故障源。

1) 原始信号降噪过程

通过多种途径传递到传感器位置的原始信号中,不仅包括含有泄漏信息的声发射信号,还包括大量的机械振动信号、噪声信号等干扰信号。为了尽可能多地获得有效信号,必须对原始信号进行预处理,滤除信号中的噪声。本实验采用小波分析方法对原始信号进行降噪处理,小波降噪过程主要包括:信号多分辨分解、阈值处理、信号重构等几个步骤[4],其流程如图 4.10 所示。

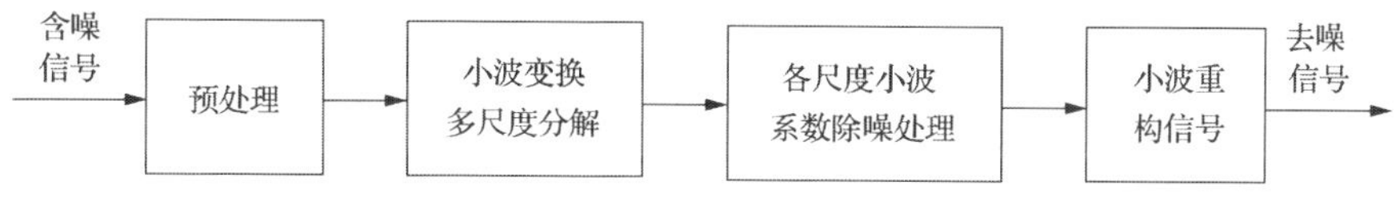

图 4.10　小波降噪流程图

2) 信号处理小波基选取及降噪方法

基于声发射信号瞬态性和多样性的特点,在进行声发射信号分析时,必须特别注意处理信号波形在时域和频域上的局部特性。但是,采集的缝隙泄漏信号主要为连续信号,在环境噪声和机械振动噪声的影响下,原始的声发射信号从管壁上传播到声发射传感器时衰减和噪声污染程度均较大,所以选择一个在时域和频域上同时具有良好的局部化特征的小波基从这种信号中剥离出能反映实际泄漏状态的声发射信号具有重要的意义。

不同的小波基的正交性、对称性、紧支性等特征各不相同、相互制约,所以在选择小波基时需要结合实际信号的特点和这些特性反复进行权衡。由于缝隙泄漏信号为连续性信号,为突出泄漏信号的特征,尽量降低小波分析的计算量,通过对所有小波基特性进行比较,决定采用常用的 Daubechies(5)小波来进行信号的小波分析[5]。

选定小波基函数之后,运用小波分析方法对信号进行分析,信号分析的主要过程如下。

(1) 首先将信号分解成低频信息和高频信息,这是第一层分解。低频信息是变化缓慢的部分,占据泄漏信号所包含信息的绝大部分;高频信息是变化迅速的部分,反映的是信号的细节信息,它占全部信息的一小部分。

(2) 在第一层分解的基础上,把分解出的低频信息部分再分解为低频信息和高频信息。

(3) 第三层是把第二层分解出来的低频信息再次分解为低频信息和高频信息,以此类推,得到波形中越来越细化的信息,即多分辨分析。

实验采集的原始信号主要是声发射信号和噪声信号的叠加,其中声发射信号主要为高频信号,噪声一般为低频信号[6]。所以,利用这种方法就能快速准确地从原始信号中将所需要的信息提取出来。以 3 层分解为例说明具体分解过程,其流程如图 4. 11 所示,图中 S 为原始信号,CA、CD 分别为分解出的信号近似部分和细节部分。

3) 阈值确定方法

运用小波分析对信号进行降噪时,通常可设定合适的阈值对信号进行过滤,目前常用的主要有软阈值处理方法和硬阈值处理方法两种。现假设检测的信号为

$$f(t)=s(t)+n(t) \tag{4.1}$$

式中,$n(t)$ 为白噪声,服从 $N(0,\delta^2)$ 分布;$s(t)$ 为原始信号。经过离散后对信

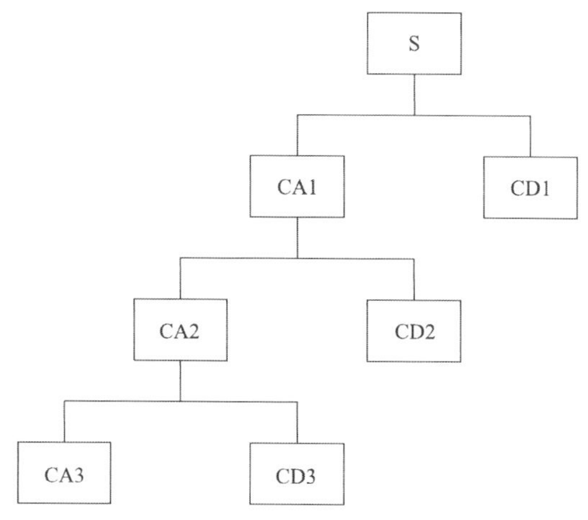

图 4.11　小波分解流程图

号应用阈值法进行降噪，其基本思路如下。

(1) 对原始信号 $S(x_n)$ 进行小波分解，得到一组近似系数和细节系数。

(2) 设定合理的阈值，对近似系数和细节系数进行过滤，阈值通常可取为

$$T = \delta \sqrt{2\lg N} \tag{4.2}$$

从而得到接近真实信号的近似系数和细节系数。

(3) 利用上一步得到的各层近似系数和细节系数进行小波重构，得到降噪之后的信号。

对 $f(x_k)$ 连续进行多次小波分解之后，能将其分解为不同尺度上的信号。由 $S(x_k)$ 对应的各层信号的近似系数和细节系数在某些特定的点有相对较大的值，这些位置可能包含着原始信号产生突变的重要位置和信息，而在大部分的点上近似系数和细节系数的值相对较小。由于白噪声 $n(x_k)$ 对应的各层信号的近似系数和细节系数在各尺度上分布十分均匀，随着分解尺度的增加，各层系数幅值逐渐减小。所以，常用的降噪思路就是找出一个满足要求的值 λ 作为阈值，将各尺度信号的幅值与之比较，将信号中小于 λ 的部分置零，大于 λ 的部分予以保留，从而得到各层信号降噪后的小波系数 $\hat{d}_{j,k}$，再对这些不同尺度的系数进行重构，就得到了原始信号。

取 $\lambda = \delta \sqrt{2\lg N}$，定义

$$\hat{d}_{j,k} = \begin{cases} d_{j,k}, & |d_{j,k}| \geqslant \lambda \\ 0, & |d_{j,k}| < \lambda \end{cases} \tag{4.3}$$

称为硬阈值估计方法。

$$\hat{d}_{j,k}=\begin{cases}\operatorname{sign}(d_{j,k})\cdot(|d_{j,k}|-\lambda), & |d_{j,k}|\geqslant\lambda\\0, & |d_{j,k}|<\lambda\end{cases}\tag{4.4}$$

称为软阈值估计方法。

这两种阈值的取值方法各有优缺点：信号经硬阈值处理后，信号函数在阈值处不连续，与原始信号相比较，会存在少量的失真现象；而信号经软阈值处理后信号波形在超出阈值的部分波形得到了压缩，与原始信号相比，存在一定的偏差，主要适用于幅值较小的波形。通常在阈值去噪后会使信号显得平滑些[7]。基于以上考虑，本章选择软阈值方法处理信号，经过上面小波分解计算后得到软阈值 $\lambda=0.01$。

4.3　换热器管缝隙泄漏实验结果分析

4.3.1　缝隙泄漏声发射信号分析

1) 泄漏声发射信号小波降噪

利用上述选择的小波基、分解尺度及软阈值对所采集的声发射信号进行小波降噪及分解，最后将降噪后的信号重构之后得到去噪声发射信号。现对工质压力参数为 0.1MPa 下的泄漏声发射信号进行示范说明验证理论的准确性。所选用信号采样频率设为 2MHz，采样点数取 32k，信号经过小波降噪前后的时域及功率谱对比图如图 4.12 所示。

从图 4.12 中可以明显地看出降噪前后信号在时域及频域的变化。降噪前，原始泄漏声发射信号的频率成分很多，尖峰值分布范围非常广，包含丰富的噪声；降噪后，所获得的信号频率组成很简单，主要集中在 0～100kHz 的频带内，这与文献中记载的频率范围基本相符，同时其他频带内的噪声信号基本得到了剔除。该实例说明，经过小波降噪之后缝隙泄漏声发射信号中的噪声信号基本可以消除，真实的泄漏信号特征得到了很好保留，结果比较准确，这种处理方法可以作为判断是否存在缝隙泄漏的依据并进行特征提取。

2) 不同压力下两种泄漏模式声发射信号小波分解特征谱分析

声发射信号特征谱分析是通过分析所记录的信号时频图及频谱图来获得信号所包含信息的一种方法，频谱分析是完全基于频域上的一种分析方法，当

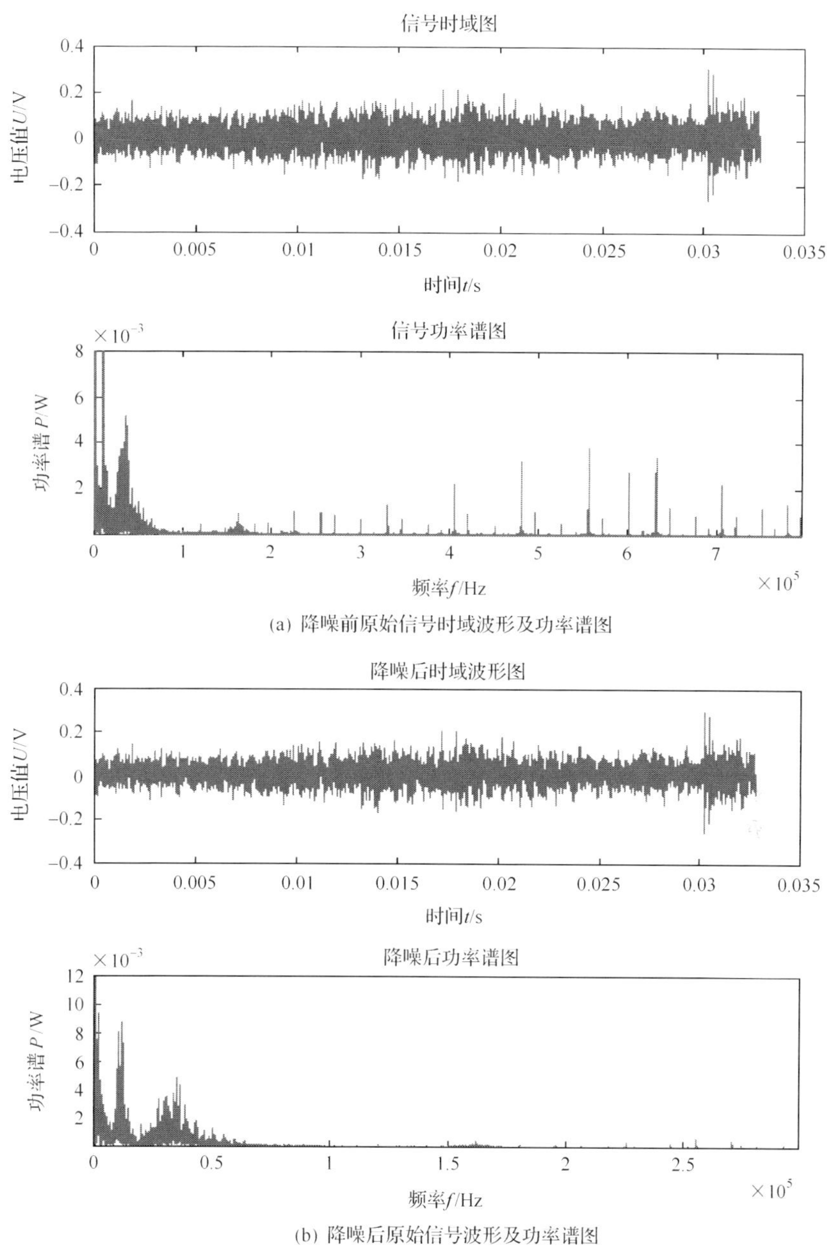

图 4.12　入口压力 0.1MPa 下,降噪前后泄漏声发射信号对比图

信号在时域上发生变化时，信号的整个频域都会随之改变，与时域分析法相比，对信号进行频域分析能够提取出更多更详尽的特征信息。缝隙泄漏声发射信号特征并不是以某个固定的单个频率来表现的，通常在频域上会以频带的方式出现，具有一定的频率范围，当工况发生变化时，缝隙泄漏的声发射信号特征频带就会随之改变，通过研究这种改变能获得判定的依据。利用小波分析来进行频谱分析的好处主要有：经过小波分解，声发射信号能被分解到多个层面上进行观察，使得频谱特征更加明显，在进行信号重构时可以自由选择特征信号，避免噪声信号，保证了特征信号的可靠性。

现在将入口压力为 0.1MPa、0.3MPa、0.5MPa 三个工况下的有缝隙泄漏和无缝隙泄漏两种模式下的小波频谱特征进行对比分析，如图 4.13 和图 4.14 所示，其中 n 表示声发射信号的采样点序号。

从图 4.13 和图 4.14 可以看出：无缝隙泄漏模式下的各层频域及时域图上信号频率和幅值分布十分混乱，无明显规律，主要为随机信号；而存在缝隙泄漏时的各层频域和时域图上特征信号十分明显。在时域图上第 3、4、5 层能够看到明显的泄漏声发射信号，随着入口压力的增加，信号的峰值不断增加；在频域图上第 3、4、5 层的特征同样也十分明显：三个工况下这三层均在同样的频带上存在明显的峰值，这些频带范围主要是在 600～1200kHz；这三层信号唯一的区别在于峰值的大小。这说明了缝隙泄漏存在的情况下，特征幅值和入口压力的大小有关，为建立定量诊断关系式提供了参考依据。

3）泄漏声发射信号能量特征值随工况变化关系

能量特征值通常被作为定量研究连续型信号的重要特征参数，缝隙泄漏声发射信号作为连续信号通常也不例外，声发射信号的能量值通常可用信号的均方根值表示。当对声发射信号进行离散后，其能量值（RMS 值）计算公式为[8]

$$E_{\mathrm{S}} \propto \mathrm{RMS} = \left(\frac{1}{N}\sum_{n=0}^{N-1} x[n]^2\right)^{\frac{1}{2}} \tag{4.5}$$

式中，N 为采样点数；$x[n]$ 为声发射信号在每一采样点上的采样值。

作者通过 MATLAB 编程手段进行信号分析，获得了两种模式下各个工况的小波 5 层分解信号及重构信号 RMS 值，拟合出有缝隙泄漏时这些信号能量值随入口压力的变化关系式及全工况下能量变化趋势图，具体见表 4.1。

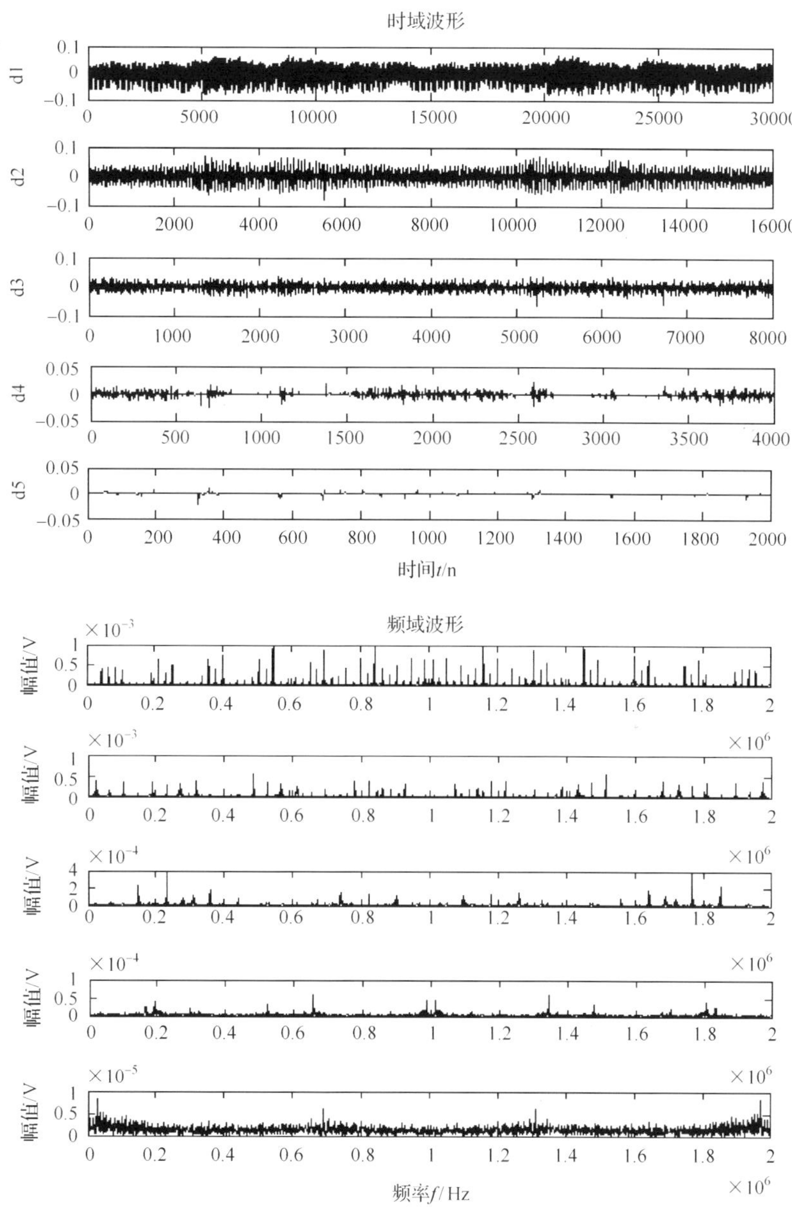

(a) 入口压力为0.1MPa、无泄漏模式下小波5层分解时域及频域波形图

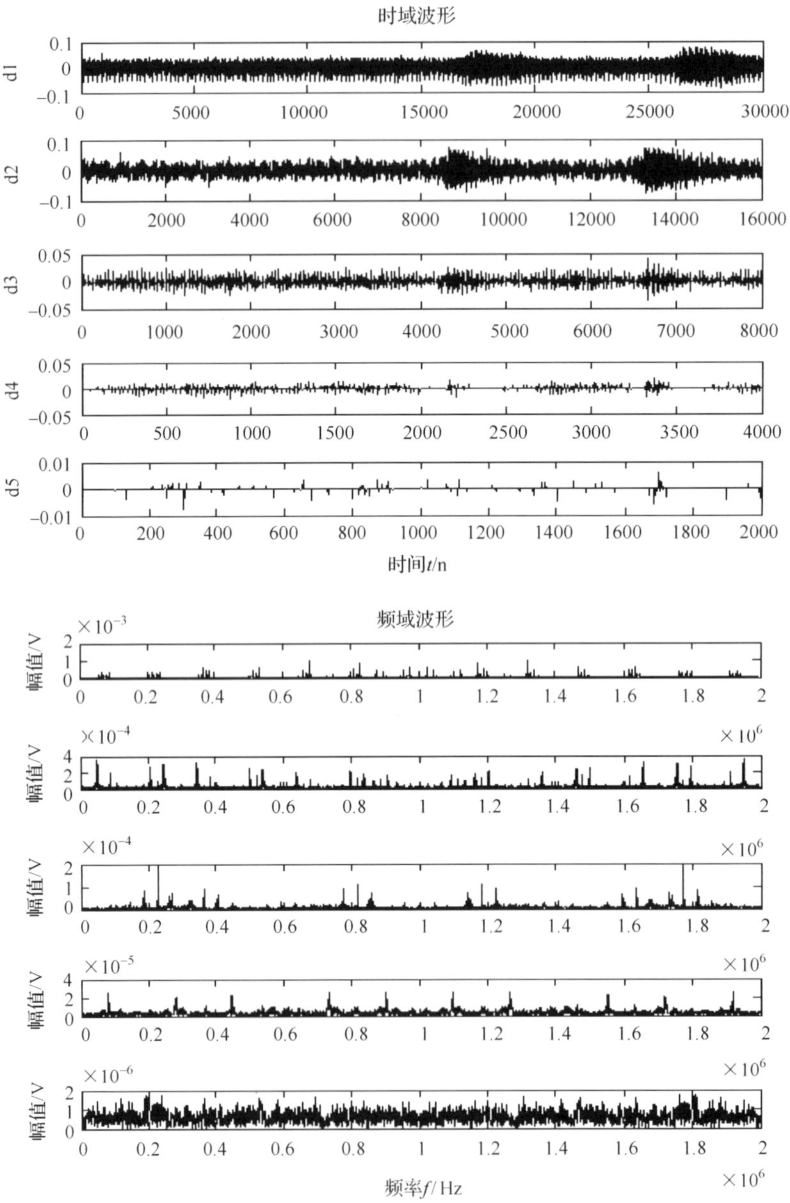

(b) 入口压力为0.3MPa，无泄漏模式下小波5层分解时域及频域波形图

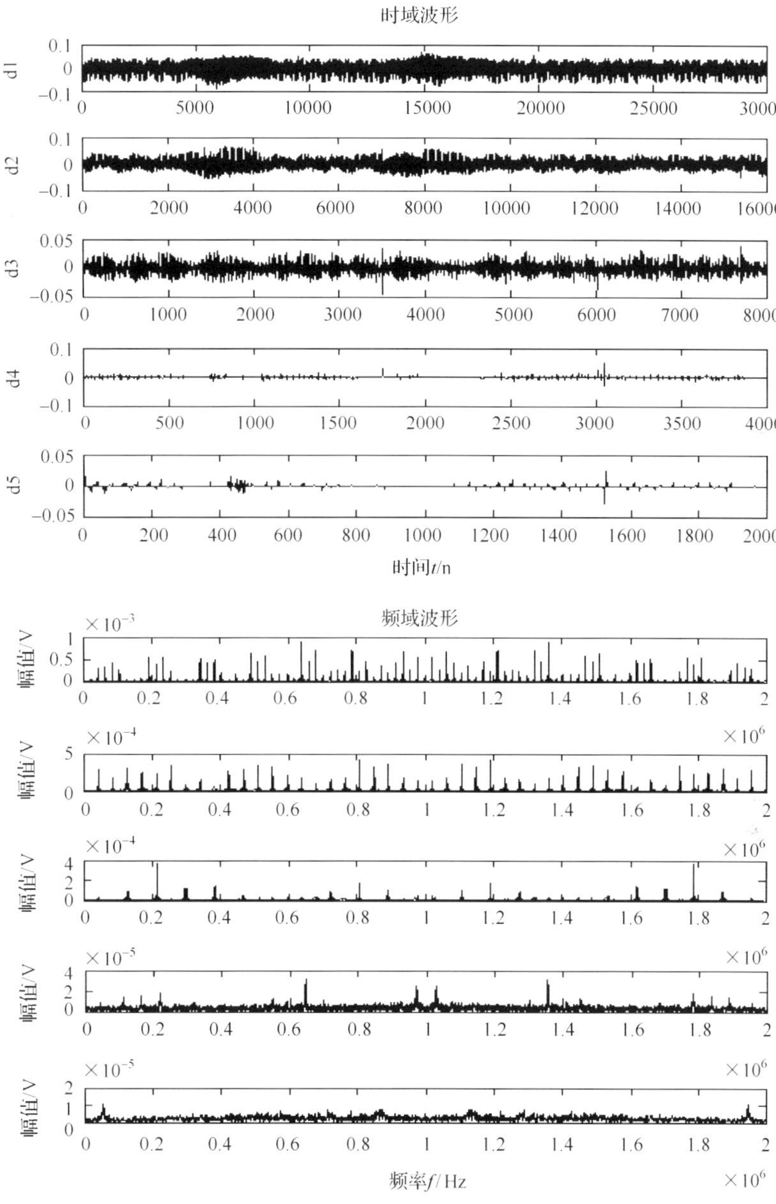

(c) 入口压力为0.5MPa，无泄漏模式下小波5层分解时域及频域波形图

图 4.13　无泄漏模式下原始信号小波 5 层分解图

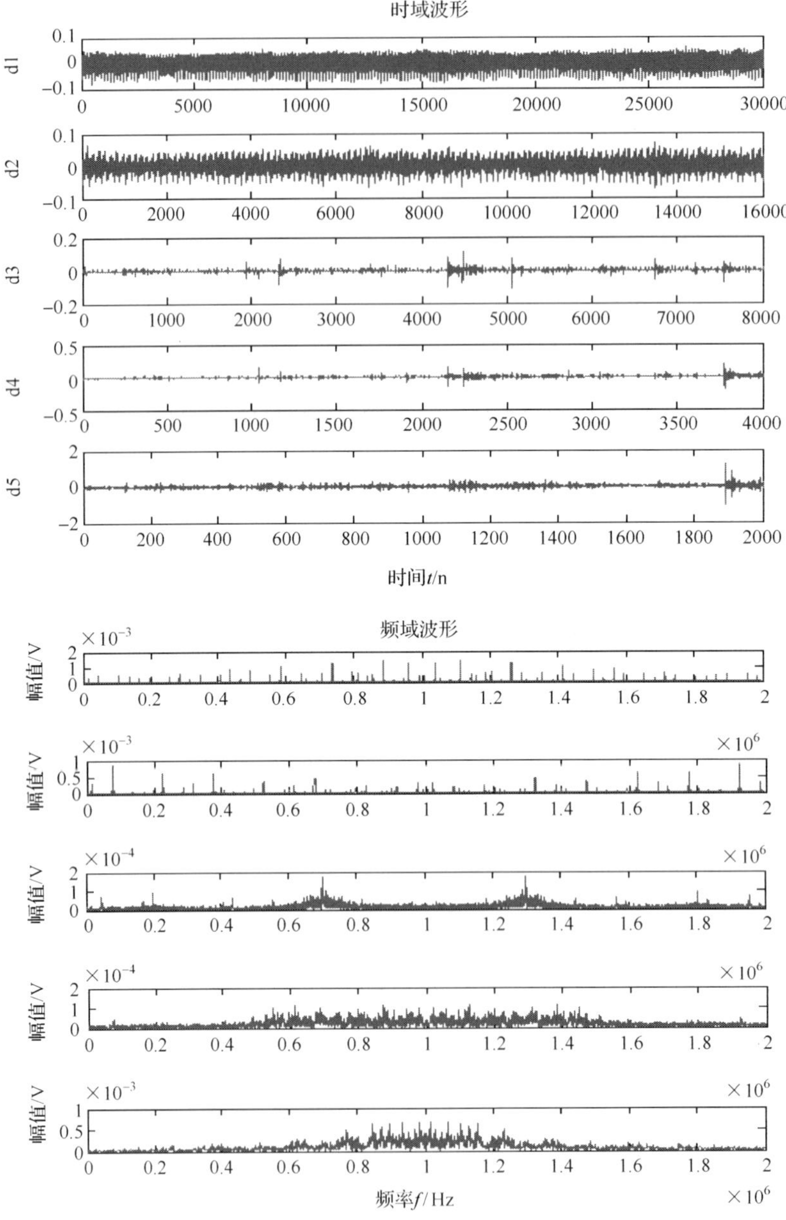

(a) 入口压力为0.1MPa，缝隙泄漏模式下小波5层分解时域及频域波形图

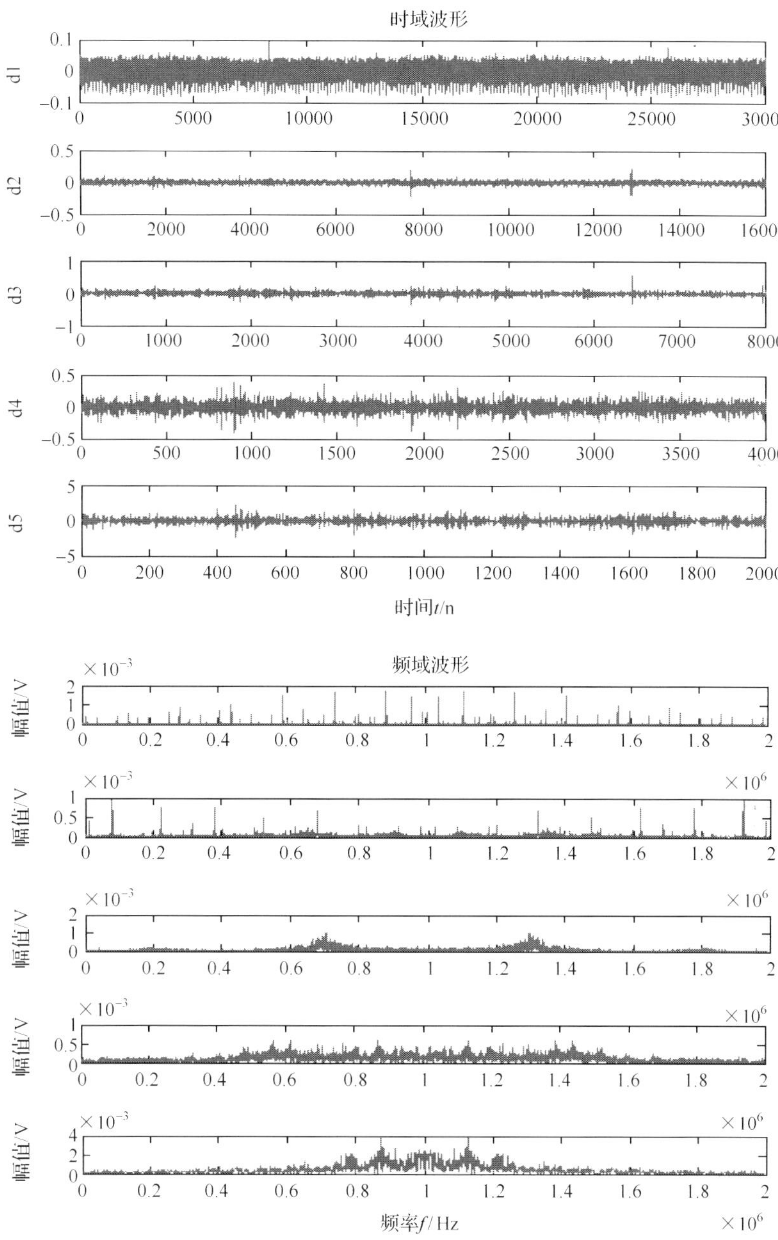

(b) 入口压力为0.3MPa，缝隙泄漏模式下小波5层分解时域及频域波形图

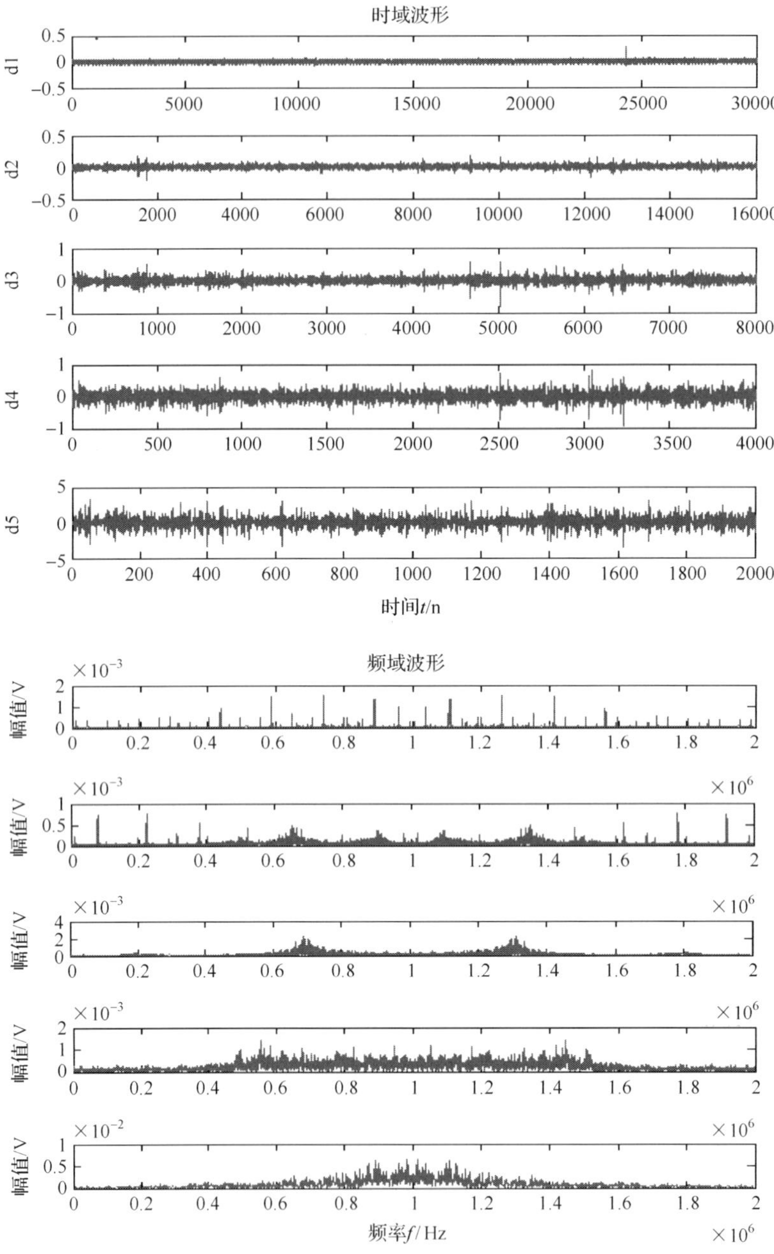

(c) 入口压力为0.5MPa，缝隙泄漏模式下小波5层分解时域及频域波形图

图 4.14　缝隙泄漏模式下原始信号小波 5 层分解图

表 4.1 两种模式下全工况小波 5 层分解及重构信号能量值表

入口压力/MPa		0.1	0.15	0.2	0.25	0.3	0.35	0.4	0.45	0.5	0.55	0.6
无缝隙泄漏模式	d1	0.0106	0.0106	0.0122	0.0099	0.0105	0.0113	0.0096	0.0096	0.0097	0.0092	0.0101
	d2	0.0095	0.01	0.0106	0.0085	0.0092	0.0098	0.0087	0.0081	0.0081	0.008	0.0088
	d3	0.0064	0.0064	0.0041	0.0039	0.0041	0.004	0.0069	0.0057	0.0054	0.0052	0.005
	d4	0.0027	0.0028	0.0019	0.0021	0.0022	0.002	0.0032	0.0021	0.0022	0.0021	0.0016
	d5	0.0012	0.0011	0.00059	0.00063	0.0005	0.00068	0.0021	0.0022	0.002	0.0022	0.0013
	重构信号	0.0174	0.0174	0.0175	0.0174	0.0174	0.0168	0.0244	0.0193	0.0201	0.018	0.0168
有缝隙泄漏模式	d1	0.0116	0.0122	0.0135	0.0127	0.0128	0.0127	0.0124	0.0124	0.0127	0.0132	0.0133
	d2	0.0107	0.0119	0.0133	0.013	0.0149	0.018	0.0142	0.0155	0.0197	0.0215	0.024
	d3	0.0067	0.0271	0.028	0.0366	0.047	0.0801	0.0586	0.0669	0.0926	0.1015	0.1077
	d4	0.0143	0.0393	0.0465	0.0574	0.0767	0.1202	0.0961	0.1091	0.156	0.1722	0.1775
	d5	0.1025	0.2538	0.3153	0.3607	0.4876	0.7687	0.6054	0.7021	0.9295	1.0387	1.0908
	重构信号	0.0418	0.0808	0.1049	0.123	0.1738	0.2482	0.1896	0.2221	0.2984	0.3372	0.3403

根据表 4.1 中的数据，绘制出有缝隙泄漏和无缝隙泄漏两种模式下的信号 RMS 值随入口压力变化的定量关系，以及两种模式下的各层信号 RMS 值随入口压力的变化关系，见图 4.15 和图 4.16。

从图中可见，在无缝隙泄漏模式下，小波 5 层分解 RMS 值波动具有随机性，没有明显规律，重构信号 RMS 值几乎没有任何变化，对入口压力不敏感；在缝隙泄漏模式下，小波 5 层分解 RMS 值及重构信号 RMS 值均随着入口压力的增加而增加，重构信号 RMS 值与入口压力之间存在指数关系，满足关系式：

$$\mathrm{RMS}=0.634P_{\mathrm{X}}^{1.135} \tag{4.6}$$

将采集的声发射信号进行小波分解、降噪、重构处理之后，若获得的重构信号满足此关系式，则可判定缝隙泄漏的存在。

4）泄漏信号小波分解能量占比趋势分析

通过对声发射信号进行小波分解后，得到了不同尺度的 5 层信号。为寻找泄漏信号特征，在此对入口压力 0.1～0.6MPa 工况下的 5 层信号能量占比数据和各层能量比例变化趋势以柱状图表示，见图 4.17～图 4.20。

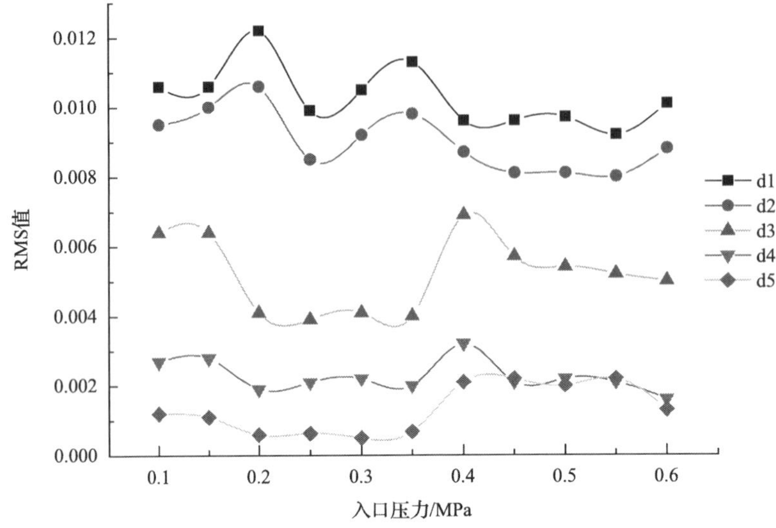

(a) 无泄漏模式下小波5层分解RMS值与入口压力的关系

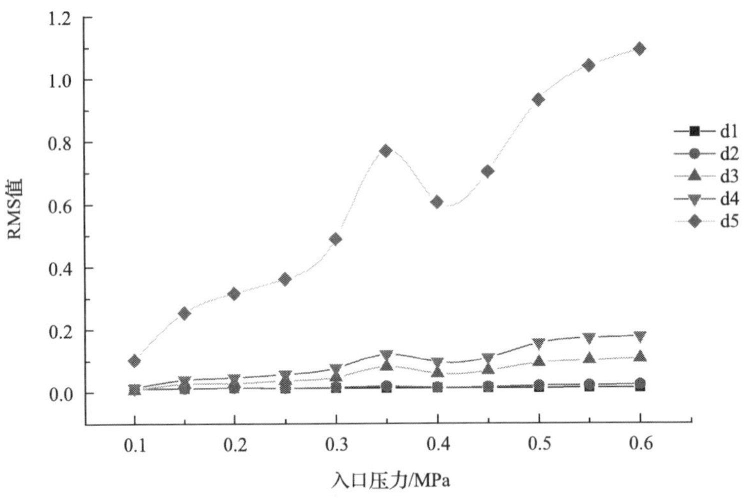

(b) 缝隙泄漏模式下小波5层分解RMS值与入口压力的关系

图 4.15　两种模式下小波 5 层分解 RMS 值与入口压力的关系

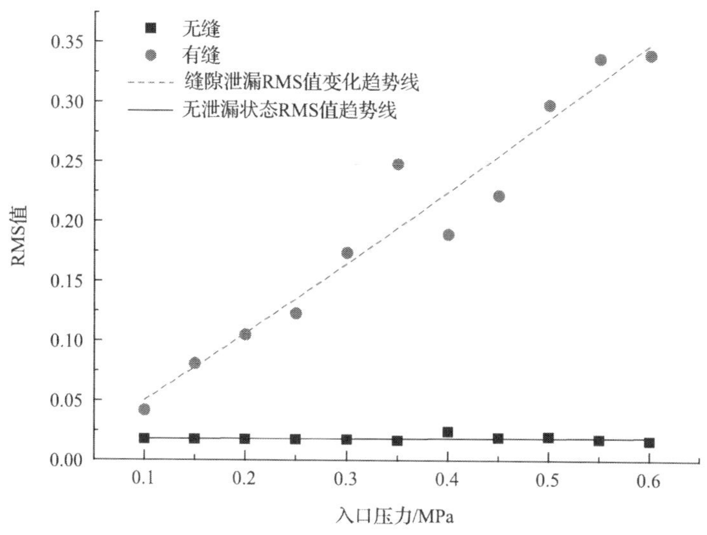

图 4.16　两种模式下重构信号 RMS 值与入口压力的关系

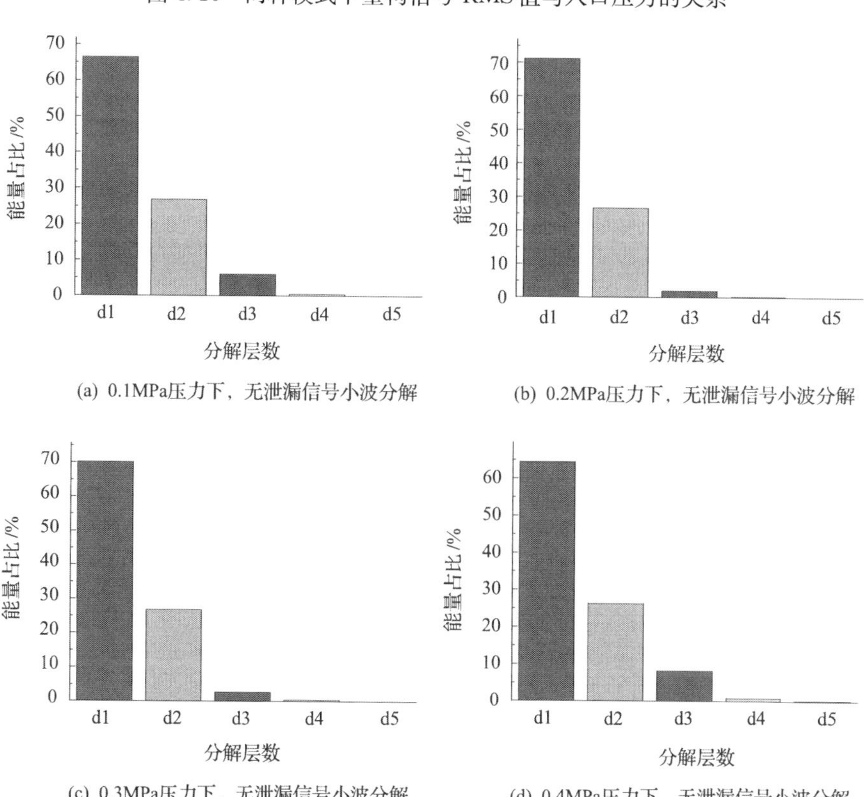

(a) 0.1MPa压力下，无泄漏信号小波分解

(b) 0.2MPa压力下，无泄漏信号小波分解

(c) 0.3MPa压力下，无泄漏信号小波分解

(d) 0.4MPa压力下，无泄漏信号小波分解

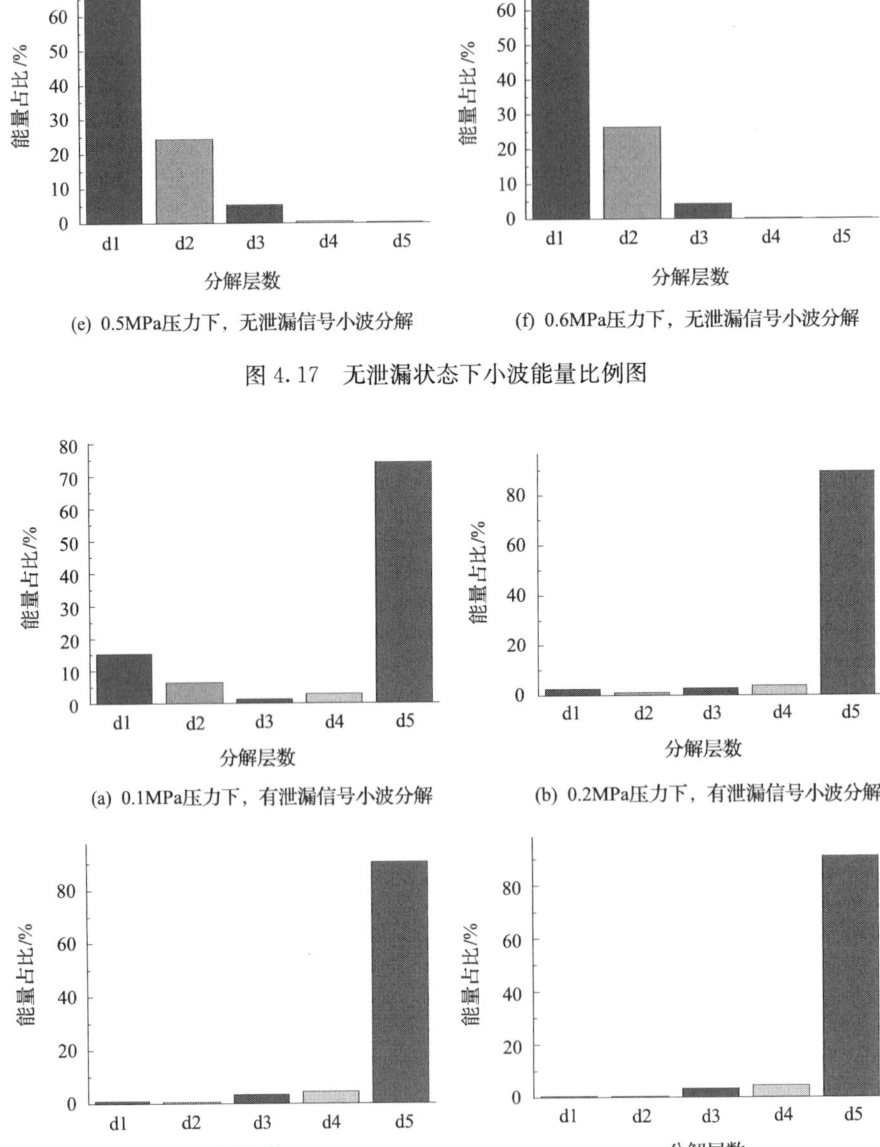

(e) 0.5MPa压力下，无泄漏信号小波分解

(f) 0.6MPa压力下，无泄漏信号小波分解

图 4.17　无泄漏状态下小波能量比例图

(a) 0.1MPa压力下，有泄漏信号小波分解

(b) 0.2MPa压力下，有泄漏信号小波分解

(c) 0.3MPa压力下，有泄漏信号小波分解

(d) 0.4MPa压力下，有泄漏信号小波分解

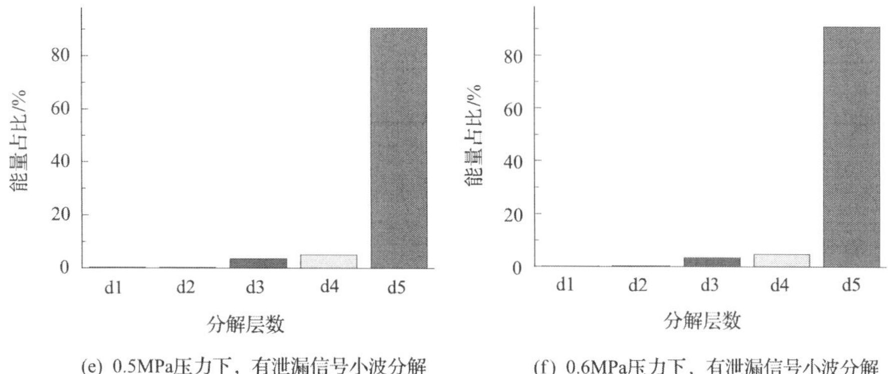

(e) 0.5MPa压力下，有泄漏信号小波分解　(f) 0.6MPa压力下，有泄漏信号小波分解

图 4.18　有泄漏状态下小波能量比例图

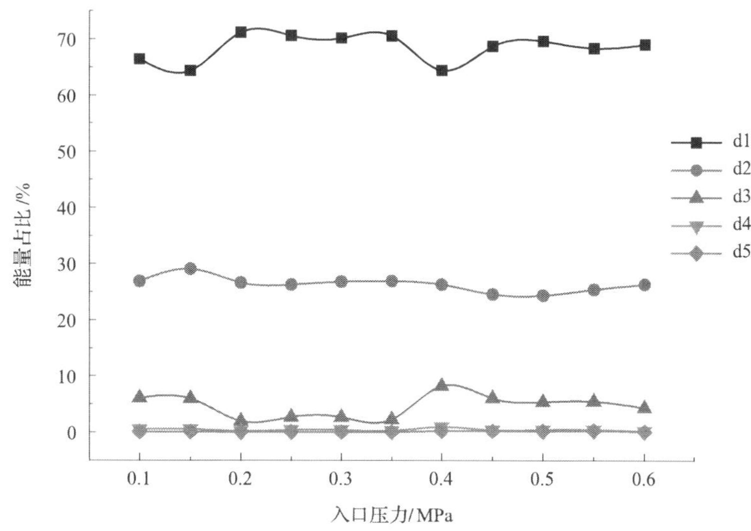

图 4.19　无泄漏状态下各层小波能量占比趋势

从图 4.17、图 4.18 可以看出，换热管两种模式下的声发射信号经小波分解降噪后各层能量在总能量中所占的比重有着明显的不同：无泄漏状态下第一层信号的比重最大，其余各层信号的能量所占比重依次降低；而有泄漏状态下主要以第五层信号能量所占比例最大，其余各层信号能量占比变化较为稳定。所以，在应用中可以主要关注第一层和第五层的能量占比来判断泄漏是否存在。

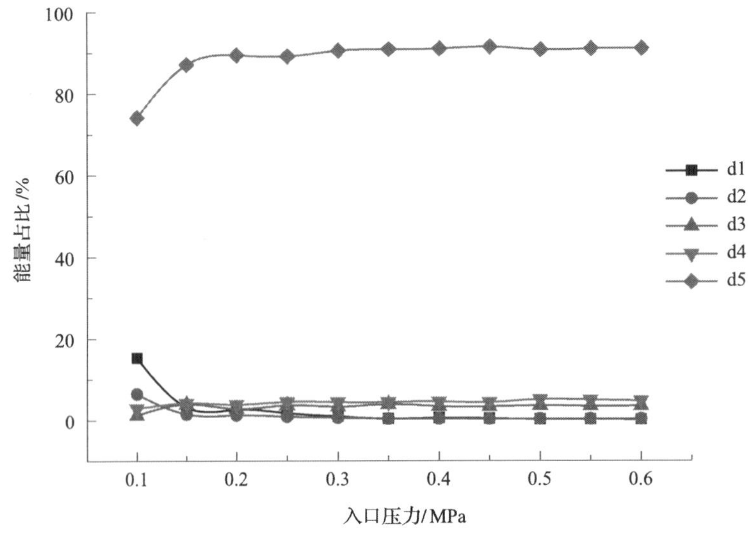

图 4.20　有泄漏状态下各层小波能量占比趋势

从图 4.19 和图 4.20 可以看出以下几点。

(1) 无泄漏模式下,从第一层至第五层的信号能量占比依次变化,分布较为均匀,随入口压力的增加,波动较为平稳。

(2) 在有泄漏模式下,各层信号能量占比的分布方式与无泄漏模式的分布方式完全不同,随入口压力的增加,各层能量占比曲线波动很小,近似为一条直线,第五层信号的能量占比最大,其余几层信号的能量占比曲线十分集中,曲线位置相对较低。

(3) 通过两种模式下的各层信号能量占比曲线走势可以方便地判定泄漏状态。

4.3.2　实验结果与模拟结果对比分析

将本章的实验数据与第 2 章的模拟数据对比可以发现,实验中所检测的声发射能量随压力增长的变化趋势与模拟计算所得出的泄漏能量随工况的变化趋势十分相似,这使得缝隙泄漏数值模拟结论与声发射检测实验结论得到了互相印证,并从这些结论中可以得到一些内在的联系。

1) 不同工况下模拟曲线与实验曲线的对比分析

将不同入口压力参数下的漏口能量损失(这些能量损失成比例地转换为声发射信号)计算值与泄漏声发射信号的能量值变化趋势绘制成曲线,见

图 4.21。从图中可以发现，在不同入口压力下，工质在缝隙漏口的能量损失计算值变化趋势与声发射信号能量变化趋势基本相似，总体上是随着入口压力的增加而增加。通过两种方法所获得的数据具有较高的统一性。结合模拟计算数据，经过多项式拟合和幂指数拟合方式可以得到两类能量值在相同的缝隙泄漏状态下随压力变化的关系式为

$$E_m = -37.3P^5 + 250P^4 - 254.7P^3 + 95.4P^2 - 12.8P + 0.6 \quad (4.7)$$

$$E_S = 0.626P^{1.146} \quad (4.8)$$

式中，P 为换热管入口的压力，MPa；E_S 为实测信号能量值(相对量)；E_m 为泄漏能量损失计算值(相对量)。通过将入口压力与实测信号能量代入式(4.7)即可定性地判定泄漏是否存在。

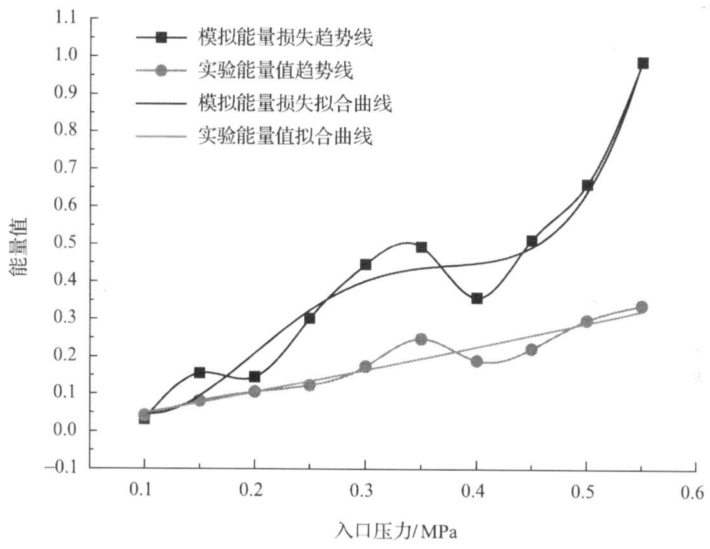

图 4.21　信号能量测量值及泄漏能量损失计算值随入口压力变化趋势

2) 换热器内漏定量诊断关系式导出

结合得到的式(4.7)、式(4.8)可以建立实测声发射信号能量与泄漏量之间的定量关系式。具体求法如下。

先建立所检测的实验信号能量与模拟计算能量损失之间的关系为

$$E_m = 66.59E_S^3 - 33.9E_S^2 + 7.436E_S - 0.251 \quad (4.9)$$

根据数值模拟实验中的能量泄漏率与泄漏量之间的关系式，结合式(4.9)

可得实际声发射信号能量与泄漏量之间的定量关系为

$$Q_X = (19.17E_S^3 - 9.76E_S^2 + 2.14E_S - 0.072)^{0.365} \tag{4.10}$$

式中，Q_X 为理论泄漏量；E_S 为实测信号能量值。

4.4 本章小结

本章在分析研究电厂换热器工作原理的基础上，基于相似原理，通过设备选型和自主开发，设计并建成了换热管缝隙泄漏声发射检测模拟实验台，设计出实验方案。实验中，采集了不同工况条件下换热管有缝隙泄漏和无缝隙泄漏两种模式下的声发射信号，通过对信号进行小波分解，定义出不同的定量特征指标，找出了两种模式下各特征参数随入口压力的变化关系。通过实验研究和理论分析，得出以下几点结论。

(1) 泄漏声发射信号经过小波降噪重构后信号特征十分明显，与无泄漏模式下经过同样处理的信号对比可以看出明显区别。在频域上，泄漏声发射信号的峰值主要集中在 0～100kHz，随着压力的增加，峰值出现的频带变化很小，只是信号幅值随着增加；无泄漏模式下信号峰值随机分布无明显规律。

(2) 根据拟合曲线，缝隙泄漏声发射能量值、均方根值随入口压力的增加而增加，其中，均方根值与入口压力呈指数关系；在通常情况下，换热管缝隙泄漏所产生的声发射信号频率分布比较稳定，多处在同一频带上，并不随入口压力的变化而变化。

(3) 通过对两种模式下的声发射信号进行小波分解后，对每层信号计算能量作出能量占比柱状图分析可以看出：在无缝隙泄漏情况下，第一层信号的能量占比最大，其他各层信号能量占比较小；有缝隙泄漏的情况下，第五层信号的能量占比最大；两种模式下各层信号能量分布区别十分明显。

(4) 通过将实验数据与模拟计算数据对比可以发现，随着换热管入口压力的变化，泄漏口工质能量损失计算值与声发射信号能量值变化趋势基本相同。

(5) 通过声发射信号小波分析可以实现换热管道缝隙泄漏故障的定量诊断。

参考文献

[1] 张晓. 基于声发射信号的加热器内部泄漏故障检测系统研究[D]. 长沙:长沙理工大学,2010.

[2] 吴昊. 缝隙射流声发射信号特征及其在泄漏故障诊断中的应用[D]. 长沙:长沙理工大学,2015.

[3] 时书丽. 声发射检测系统的应用[J]. 辽宁大学学报,1998,25(2):151-155.

[4] 朱益军. 基于声发射检测的滑动轴承状态诊断技术研究[D]. 长沙:长沙理工大学,2011.

[5] 余晃晶. 小波降噪阈值选取的研究[J]. 绍兴文理学院学报,2004,24(9):34-38.

[6] 于浩. 石油管线泄漏的声发射技术(AE)监测系统研究[D]. 西安:西安科技大学,2009.

[7] 高倩霞. 声发射技术在阀门泄漏故障检测中的应用研究[D]. 长沙:长沙理工大学,2011.

[8] 王新颖. 承压阀门内漏声学检测方法研究[D]. 大庆:大庆石油学院,2007.

第 5 章　阀门内部泄漏声发射诊断技术研究

5.1　概　　述

阀门内部泄漏原因多种多样，要想对阀门内部泄漏故障进行准确诊断，首先应了解阀门内部泄漏机理，对各种形式的阀门泄漏进行归类，分析其流场分布情况和能量损耗规律。在常规的信号分析与处理方式中，傅里叶变换是一种较为常用的方法，它对平稳信号分析是非常有效和准确的，但是对非平稳信号来说，如热力设备泄漏产生的声发射信号，往往达不到理想效果。小波分析被称为信号分析上的"数学显微镜"，它的多分辨率分析特征，可以实现信号细节部分的多分辨率分析，是处理非平稳信号的有效工具[1-3]。因此，本章主要讨论如何用实验方法来检测阀门的内部泄漏故障信号，利用小波包分析处理方法来实现对阀门内部泄漏声发射信号的处理，探索基于声发射信号检测的阀门内部泄漏故障监测系统开发策略。

5.2　阀门泄漏模式分类

所谓阀门泄漏模式，就是对阀门内部泄漏源特征和属性进行适当的归类。现有研究成果表明，阀门内部泄漏孔口形状或所处位置不一样，其表现出来的故障信号特征不同，造成故障发展趋势和严重程度各异，所需采取的维修策略也应该不一样。有些可以在生产运行中通过采取相应措施解决，而有些则需要停机检修或更换阀门。

统计资料表明，在火电厂中，机组经历一个检修周期的运行后，有 50%以上的阀门在大修时不用拆修解体，如果那样做，不仅会造成极大的人力、物力浪费，还可能在拆修过程中造成一些人为损坏。因此，有必要加强对阀门泄漏故障的检测与诊断，为机组维修决策提供技术支持。

5.2.1　阀门常见内部泄漏模式及分类

火电厂中，关断类阀门处于关闭状态时，其出现内部泄漏的主要模式如下。

(1) 密封面未关严。关断类阀门密封面不能关严的主要原因有:阀杆变形,使阀座与阀件不对中;关闭阀门过快、过猛等操作不当,或未将沉积在阀内的固体杂质冲走就关闭阀门,造成杂质嵌入密封面,使密封面无法关严。

(2) 密封损伤。密封损伤的原因有:密封圈不耐高温或摩擦腐蚀使得阀座与阀圈结合不够紧密。

(3) 密封件出现裂纹或漏孔。主要原因有:某些高温高压阀门在关闭后迅速冷却,使密封面出现细微裂纹;阀门密封面受到介质冲刷或腐蚀,产生裂纹或漏孔导致泄漏[4-6]。

由以上分析可知,后两种原因均是阀门阀瓣或密封面受损发生泄漏,因此,将以上泄漏模式最终归纳为两大类:密封面未关严(图 5.1(a))和裂纹漏孔泄漏(图 5.1(b))。

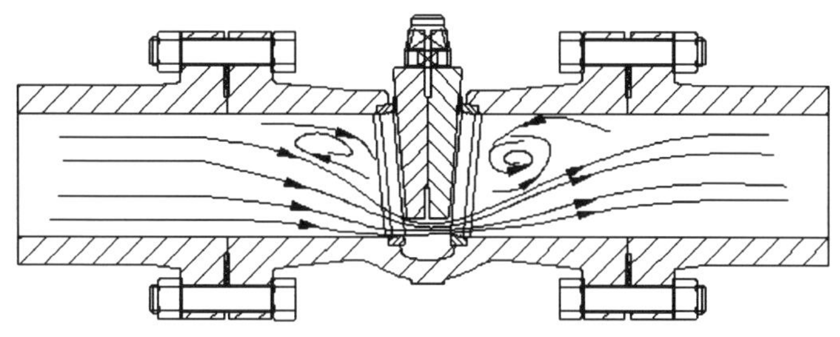

(a) 密封面未关严

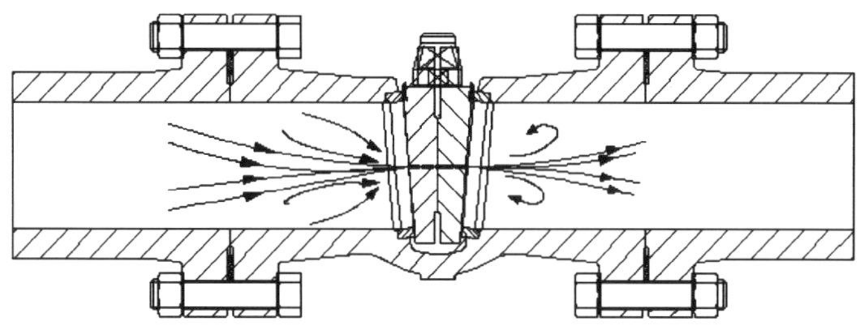

(b) 裂纹漏孔泄漏

图 5.1　阀门内漏模式示意图

密封面未关严时,流体通道的几何形状如图 5.2(a)所示,其中深色填充区域为漏缝;且其在互相垂直方向上的尺寸分别为 x 和 y,图 5.2(a)中 x 和 y 的比值很大;微小裂纹漏孔泄漏时,流体通道的几何形状如图 5.2(b)所示,x 和 y 的比值较小,且 x 和 y 之比越接近于 1,此裂纹越接近于漏孔;小尺寸 y 与

大尺寸 x 之比越小，此裂纹则越接近于漏缝。

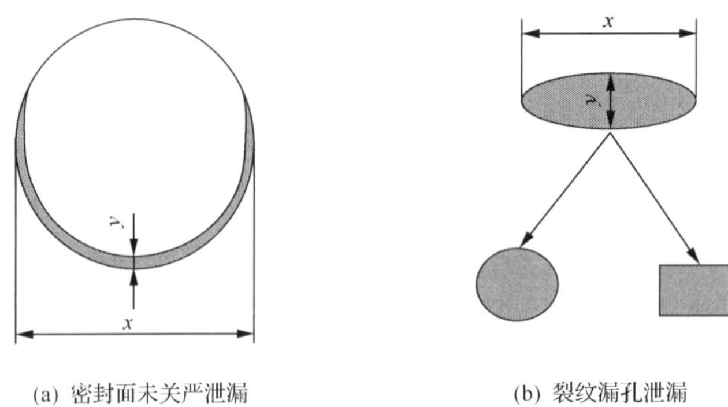

(a) 密封面未关严泄漏　　(b) 裂纹漏孔泄漏

图 5.2　泄漏流体通道几何形状示意图

流体介质通过泄漏口喷射到一个足够大的空间后，不再受边壁的限制而继续扩散流动被称为射流。按射流管嘴出口截面形状不同，可分为轴对称射流、矩形射流、平面射流、环状射流和同心射流等。对于平面射流，当 $\frac{x}{y}<3$ 时，按轴对称射流考虑；当 $\frac{x}{y}>10$ 时，按平面射流考虑。综上所述，密封面未关严产生的泄漏可以作为平面射流处理，而一般阀门裂纹漏孔泄漏均属于微小泄漏，可以作为轴对称射流处理。

5.2.2　阀门各泄漏模式下流体所具有的动能

由流体力学知识可知(图 5.3)，射流边界层各截面上的压强近似等于外边界上的压强，而外边界上的压强处处相等，故整个射流区内的压强不变。由动量方程可得，射流各截面上的动量保持不变[7]，即

$$\iint_A \rho v_x^2 \mathrm{d}A = \rho_0 v_{x0}^2 A_0 = \text{常数} \tag{5.1}$$

式中，$\mathrm{d}A$ 为射流某截面面积微分；ρ、v_x 分别为 $\mathrm{d}A$ 处的流体密度、轴向速度；ρ_0、v_{x0}、A_0 分别为喷管出口的流体密度、轴向速度和截面积。

1) 轴对称射流的动能

从圆形截面喷管或孔口喷出的射流，可按轴对称射流分析，如果流体以 v_{x0} 从半径为 R_0 的喷管中喷出，射流的密度不变，则由式(5.1)结合射流理论定积分后可得[7]

$$2\left(\frac{v_{xm}}{v_{x0}}\right)^2\left(\frac{R}{R_0}\right)^2\int_0^1\left(\frac{v_x}{v_{xm}}\right)^2\frac{r}{R}\mathrm{d}\left(\frac{r}{R}\right)=1 \tag{5.2}$$

$$\frac{v_{xm}}{v_{x0}}=\frac{0.966}{ax/R_0}=\frac{0.966}{aS/R_0+0.294} \tag{5.3}$$

式中，R 为 $v_x=0.01v_{xm}$ 处的射流半径，也被称为边界层宽度；R 与 x 成正比，$R=k_1x$，$k_1=3.4a$，其中 a 取决于射流出口截面速度分布的均匀度和起始紊流度，式中 a 为 0.07～0.08(经验系数)；S 为喷管出口与某一截面在 x 方向的距离。

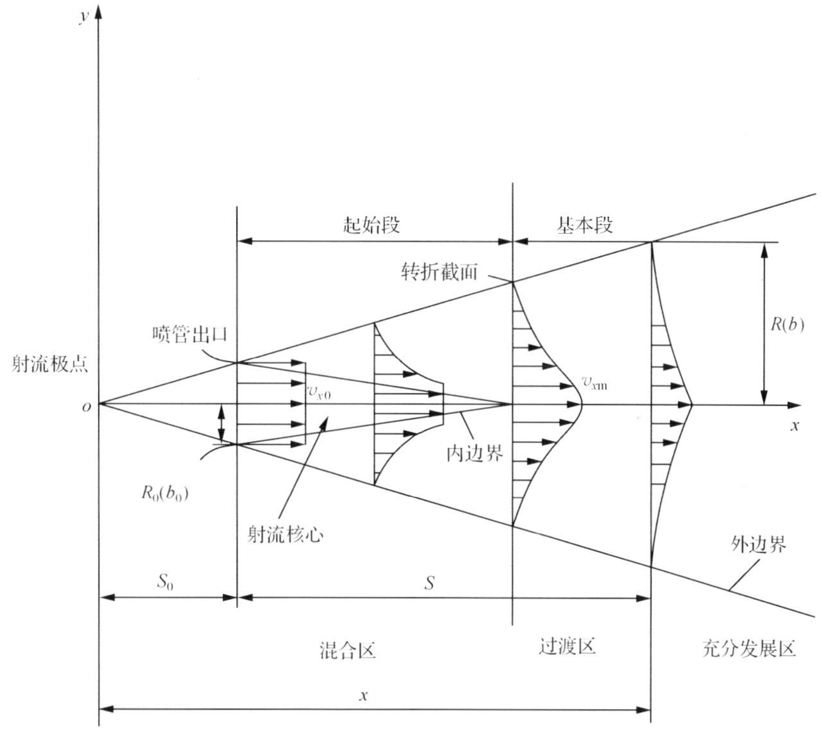

图 5.3　射流的区段和速度分布

轴对称射流轴线上的动能为

$$E_k=\frac{1}{2}mv^2=\frac{1}{2}\rho Av\left(\frac{0.966}{aS/R_0+0.294}\right)^2 \tag{5.4}$$

2) 平面射流的动能

从扁长方形截面的缝隙或孔口喷出的射流,可按平面射流分析。如果流体以速度 v_{x0} 从高为 $2b_0$ 的长狭缝中射出,射流密度不变,其中 b 为 $v_x = 0.01v_{xm}$ 处的射流半径即边界层宽度,则由式(5.1)结合射流理论可得

$$\left(\frac{v_{xm}}{v_{x0}}\right)^2 \frac{b}{b_0}\int_0^1 \left(\frac{v_x}{v_{xm}}\right)^2 \mathrm{d}\left(\frac{y}{b}\right) = 1 \tag{5.5}$$

$$\frac{v_{xm}}{v_{x0}} = \frac{1.210}{\sqrt{ax/b_0}} = \frac{1.210}{\sqrt{aS/b_0 + 0.4167}} \tag{5.6}$$

式中,a 为 0.10~0.11。平面射流轴线上的动能为

$$E_\mathrm{k} = \frac{1}{2}mv^2 = \frac{1}{2}\rho A v\left(\frac{1.4641}{aS/b_0 + 0.4167}\right) \tag{5.7}$$

由此可知,在射流初速和喷管出口尺寸相同的情况下,平面射流比轴对称射流具有较大的射出能力。因此,通过对两种射流产生的声发射信号进行分析,可以对其进行识别。

5.3 不同泄漏模式的信号特征提取实验研究

为了实现阀门内部泄漏故障的准确诊断,应先对阀门泄漏模式诊断机理进行深入的定量研究。在实验室搭建的阀门泄漏故障模拟实验台上开展实验研究,通过模拟两种典型泄漏模式,比较阀门两种典型泄漏模式下泄漏声发射信号能量的变化规律,对声发射信号进行小波包分析,提取阀门在不同泄漏模式下声发射信号的能量分布特征,初步建立阀门泄漏故障模式的定量诊断指标。

5.3.1 阀门泄漏故障模拟实验台简介

阀门泄漏故障模拟实验台示意图如图 5.4 所示,其主要功能是模拟不同类型阀门的不同内部泄漏工况。为了模拟不同的泄漏工况,在被测阀门前设置调节阀 2 用于调节实验阀门入口介质压力,且被测阀门通过法兰连接在管路系统中,实验台可以通过使用不同口径的法兰来连接不同类型、不同直径的实验阀门,用来模拟不同类型、不同直径阀门的泄漏工况。

实验室中,用于提供实验过程中所需水源的储水箱直径为 1.1m、高为 1.5m,阀门进口压力由多级离心泵 D12-25×3 提供;被测阀门进出口压力分

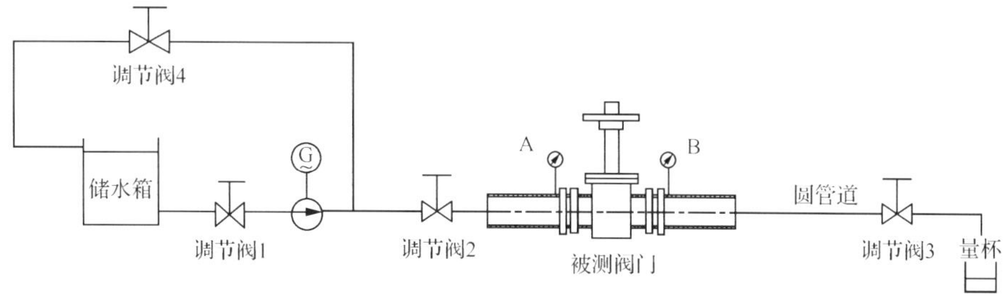

图 5.4　阀门泄漏故障模拟实验台示意图

别用两块压力表(A、B)对压力进行测量;被测阀门进口压力由调节阀(2、4)调节;阀门泄漏量的大小由不同量程的量杯(或量筒)测量;实验台上的调节阀(1、3)用来控制管路介质的流通。模拟实验台实物如图 5.5 所示。

图 5.5　阀门泄漏故障模拟实验台

5.3.2　实验方案设计

1) 实验目的

(1) 通过人工的方法,在实验阀门密封面上制造典型的内部泄漏故障模式,并通过实验测得阀门在不同泄漏故障模式下所产生的声发射信号。

(2) 分析各种泄漏故障模式下所产生声发射信号的频率分布情况。

(3) 用数学模型来定量表述不同故障模式下声发射信号频率分布规律。

2) 实验仪器

使用美国 PAC 公司生产的 PCI-2 声发射检测系统来检测阀门泄漏产生的声发射信号,检测系统流程如图 5.6 所示。

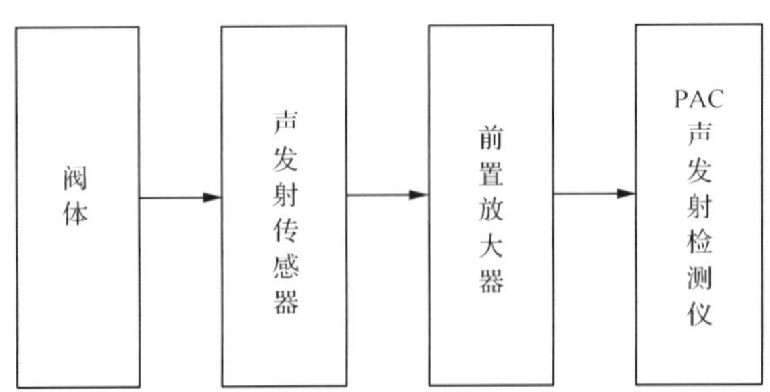

图 5.6　PAC声发射检测系统流程图

(1) 被检测阀门

本章实验用阀门如下。

闸阀:型号 Z44T-16C-50,内径 50mm。

闸阀:型号 Z44T-10Z-65,内径 65mm。

截止阀:型号 J41H-25C-50,内径 50mm。

(2) 声发射传感器

实验使用美国 AE 公司生产的 a-series R15a 声发射传感器,采用磁吸附的方式将传感器固定于阀体上。传感器最大灵敏度为 69dB,动态响应范围在 50～400kHz。

(3) 声发射检测仪(PCI-2)

PCI-2 型声发射检测仪内置两块具有 18 位 A/D 高精度转换的声发射信号采集卡,能实现 1kHz～3MHz 的频率范围的采集,数据采集分析软件为美国 PAC 公司研发的 AEwin 系统。该仪器的分析软件具有信号采集、滤波、存储、参数分析、特征指标分析、波形分析等功能,信号原始数据可转换成 ASCII 格式供其他分析软件进行分析处理。

3) 实验内容

由检测系统测得在不同入口压力、不同故障程度下每种故障模式泄漏产生的声发射信号,并从以下几个方面开展研究。

(1) 每种故障模式泄漏所产生的声发射信号时域分布、频谱分布随故障严重程度(漏口尺寸)、入口压力参数的变化规律。

(2) 泄漏声发射信号在不同故障模式下的变化规律。

(3) 泄漏声发射信号频率分布规律(定量模型)与故障模式类型的对应关系。

4）阀门泄漏模拟实现形式

（1）通过调节闸阀 DN50 的闸板开度来模拟异物卡涩造成的密封面未关严。

（2）通过在闸阀 DN65 的闸板上人为制造直径分别为 1mm、2mm、3mm、4mm、5mm 的小圆孔来模拟漏孔，如图 5.7 所示。详细措施为：在闸阀 DN65 的闸板上人为制造出直径 5mm 带内螺纹的小圆孔，然后分别加工出内径 4mm 外径 5mm 带外螺纹、内径 3mm 外径 5mm 带外螺纹、内径 2mm 外径 5mm 带外螺纹、内径 1mm 外径 5mm 带外螺纹的螺帽，通过圆孔和不同内径的螺帽之间的配合实现不同直径的漏孔，如图 5.8 所示。

图 5.7　用于模拟漏孔的螺帽

图 5.8　65mm 闸阀模拟漏孔

5）实验数据处理方法

（1）对实验测量得到的声发射信号在特征频率所在区间（0～500kHz）进行任意 n 层的多分辨率分解，并对其频率段进行有序的排列，具体排列规则是按照频率从低到高的方式，如 $\{d_i, i = 1, 2, 3, \cdots, n+1\}$。

（2）在 LabVIEW 环境下调用 MATLAB 编程得到各个频率段区间的能量，用 $E_i\{E_i, i = 1, 2, 3, \cdots, n+1\}$ 表示。

（3）求声发射信号特征频率区间的总能量 E：

$$E = \sum_{1}^{n+1} E_i \tag{5.8}$$

（4）求各个小波分解序列能量占特征频率区间声发射信号总能量的百分比，设 F_i 为第 i 个所占的能量百分比，则

$$F_i = \frac{E_i}{E} \tag{5.9}$$

（5）对于不同的泄漏故障模式，F_i 会有不同的分布情况和大小，取最大值 $F_{i\max}$，分析 $F_{i\max}$ 的大小及所处的频段范围与阀门泄漏故障模式的对应关系。

5.3.3 实验结果分析

1）不同直径阀门在密封面未关严状态下声发射信号各频率段能量比

通过实验，对 50mm 闸阀和 65mm 闸阀在 30 多种泄漏工况下（泄漏率 2～1000mL/s）产生的声发射信号的能量分布进行了对比分析，发现两种不同直径的闸阀的泄漏声发射信号的频率分布具有明显的相似性，图 5.9 为某一典型泄漏工况下两种闸阀的泄漏声发射信号经过 5 层小波包分析获得的能量比分布[8]。实验结果表明，对同一类型阀门而言，阀门直径的变化对泄漏信号各频率段能量比的分布情况影响非常小。

2）阀门在两种不同泄漏模式下声发射信号能量分布

图 5.10 和图 5.11 分别为 50mm 闸阀和 65mm 闸阀在不同泄漏工况下的声发射信号各频率段能量比分布情况，其中 q 为泄漏率（mL/s）。

从图 5.10 中可以看出：阀门在小开度下发生泄漏产生的声发射信号能量主要集中在 150kHz 附近；随着开度的增大，信号能量逐渐向 20～100kHz 频率段转移。从图 5.11 中可以发现：阀门在小漏孔下泄漏产生的声发射信号能量主要集中在 40～90kHz 和 150kHz 两个频率段附近；随着漏孔尺寸的增

大，信号能量逐渐向 20～50kHz 频率段转移。不论密封面未关严还是漏孔泄漏，阀门泄漏产生的声发射信号的能量随着泄漏率的增大均由高频向低频转移。

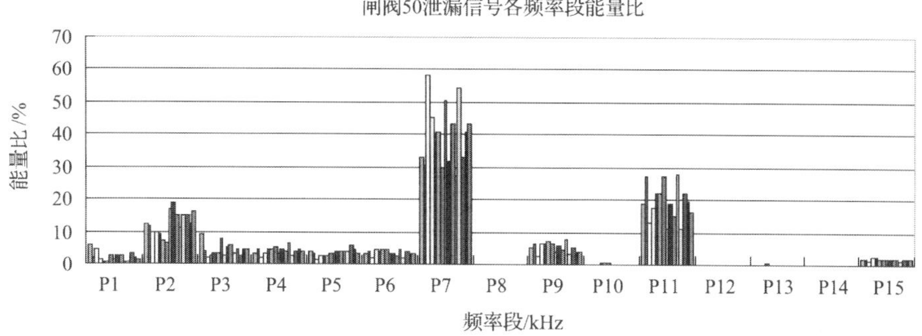

(a) 50mm闸阀泄漏信号各频率段能量比

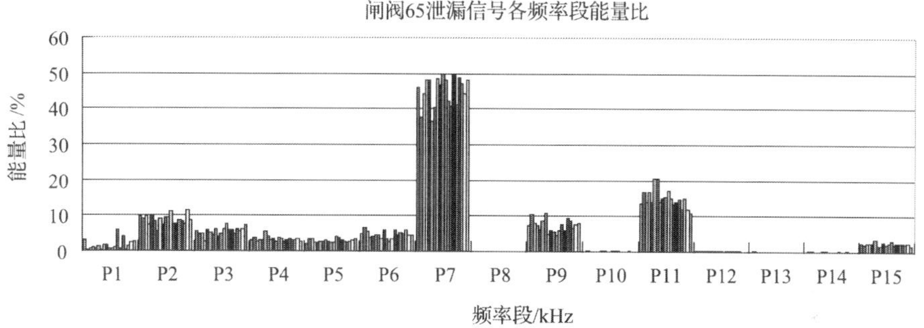

(b) 65mm闸阀泄漏信号各频率段

图 5.9　两种闸阀泄漏信号各频率段能量比

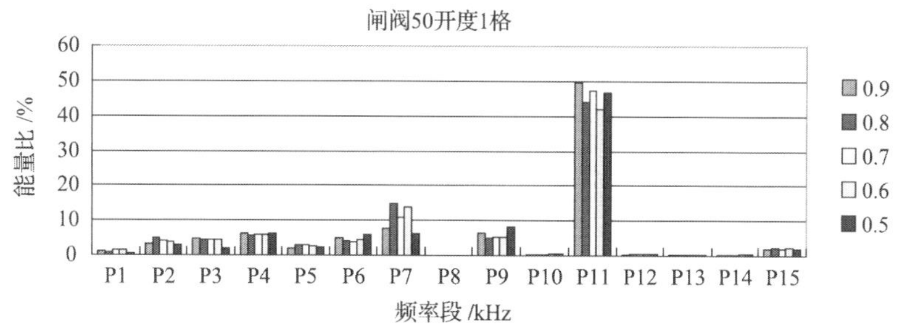

(a) 开度1格的泄漏信号各频率段能量比（q：3~10mL/s）

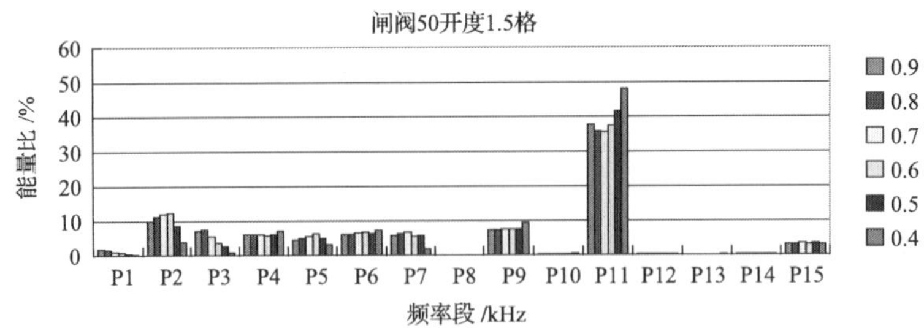

(b) 开度1.5格的泄漏信号各频率段能量比 (q：30~100mL /s)

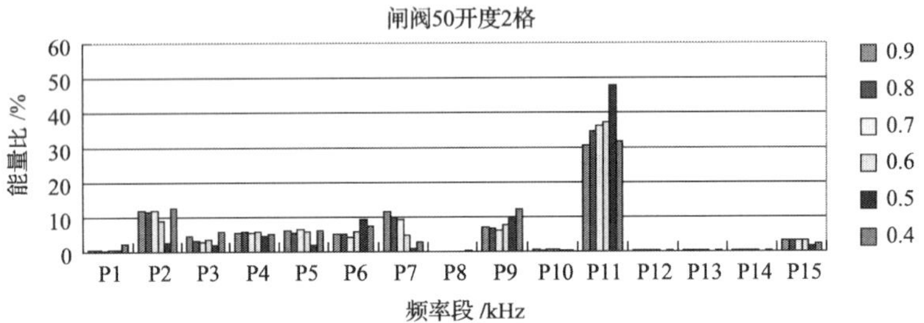

(c) 开度2格的泄漏信号各频率段能量比 (q：100~180mL /s)

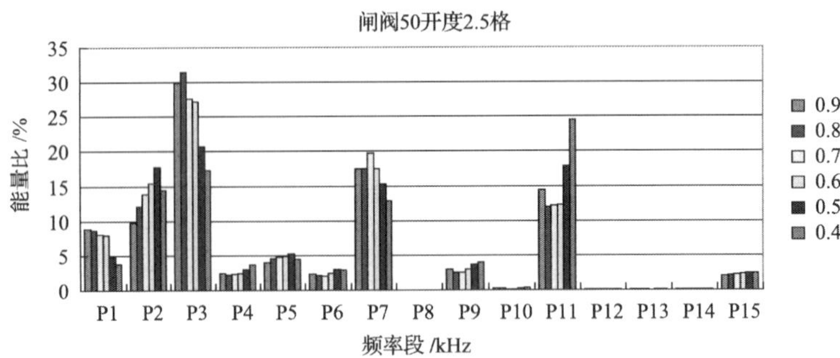

(d) 开度2.5格的泄漏信号各频率段能量比 (q：217~450mL /s)

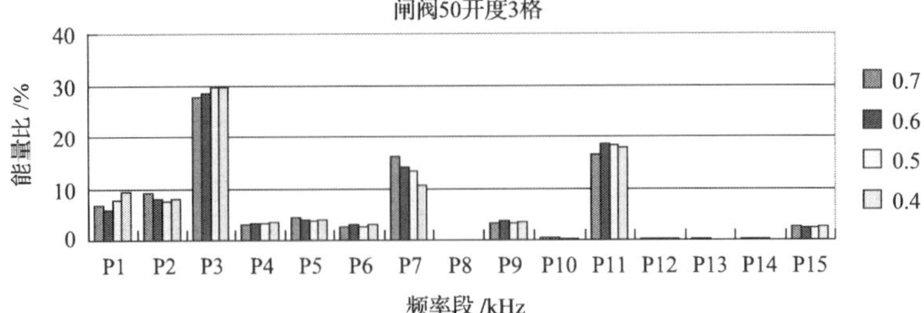

(e) 开度3格、不同压力下泄漏信号各频率段能量比 (q：500~1000mL /s)

图 5.10　Z44T-16C-50 阀各频率段能量比分布

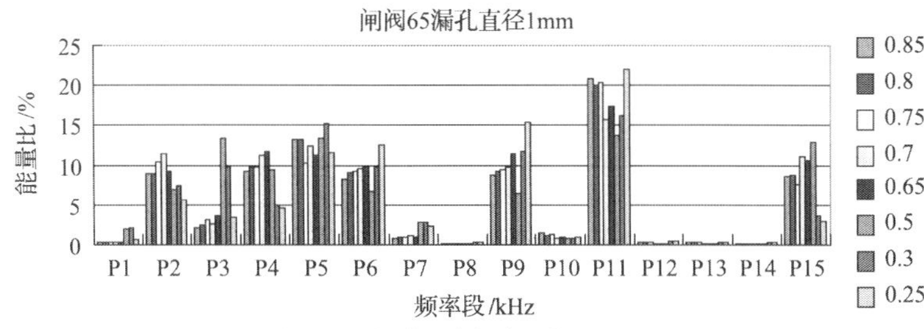

(a) 1mm漏孔的泄漏信号各频率段能量比 (q：9~36mL /s)

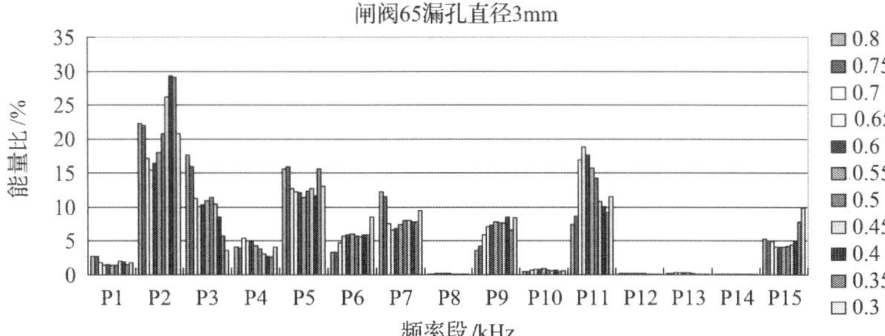

(b) 3mm漏孔的泄漏信号各频率段能量比 (q：30~100mL /s)

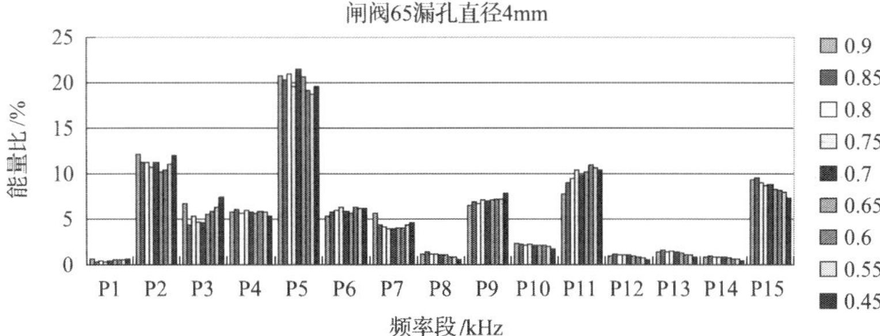

(c) 4mm漏孔的泄漏信号各频率段能量比 (q：120~550mL /s)

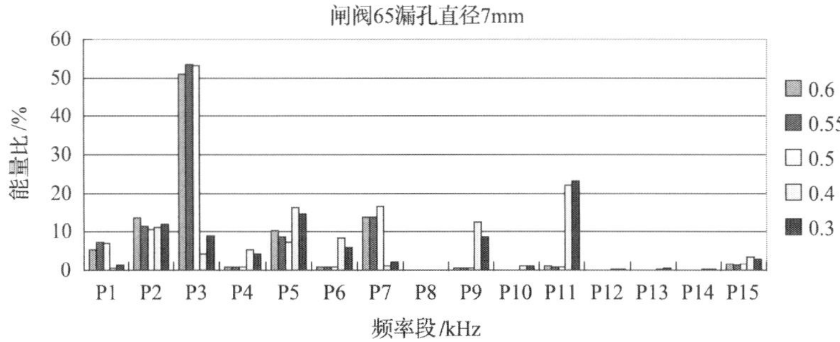

(d) 7mm漏孔的泄漏信号各频率段能量比 (q：400~800mL /s)

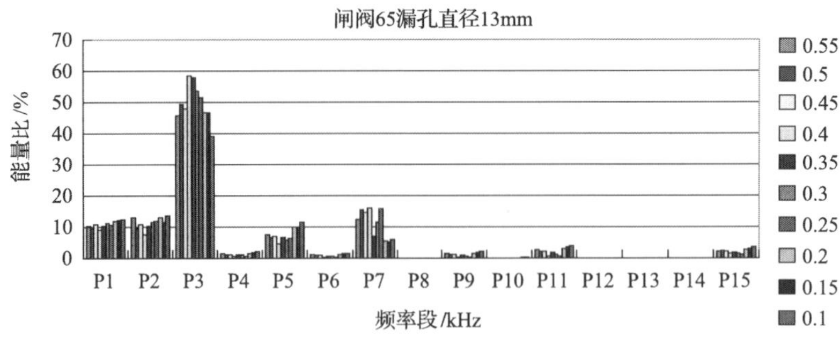

(e) 13mm漏孔的泄漏信号各频率段能量比（q：600~1500mL/s）

图 5.11　Z44T-10Z-65 阀各频率段能量比分布

将图 5.10 和图 5.11 进行比较，可以看出：当具有相同数量级的泄漏率时，阀门在孔漏时信号频带能量谱中第 5 节点（P5：62.5～78.125kHz）的能量比密封面未关严时第 5 节点的能量明显要大；孔漏时第 11 个节点（P11：156.25～171.875kHz）的能量比密封面未关严时第 11 个节点的能量要小。以上数据通过 200 多组实验数据统计得到，具有可重复性。

当泄漏率 $q<550$mL/s 时，无论在何种工况下，孔漏产生的声发射信号第 5 节点（P5：62.5～78.125kHz）的能量比 $F_5>10\%$，而密封面未关严泄漏信号第 5 节点的能量比 $F_5'<10\%$；孔漏时，第 15 节点（P15：218.75～234.375kHz）的能量比 $F_{15}>5\%$，而密封面未关严第 15 节点的能量比 $F_{15}'<5\%$。

3）阀门在两种不同泄漏模式下声发射信号能量谱特征

（1）不同泄漏模式的能量谱特征

综上所述，在小泄漏情况下，通过阀门泄漏声发射信号各频段能量比可以判断阀门的泄漏模式。诊断指标为泄漏信号经过 5 层小波包分析后第 5 节点能量比 F_5 和第 15 节点能量比 F_{15}。当

$$\begin{cases} F_5 > 10\% \\ F_{15} > 5\% \end{cases} \tag{5.10}$$

成立时，阀门为微小裂纹或漏孔引起的泄漏；反之，阀门为密封面未关严引起的泄漏。

（2）现场试验验证

图 5.12 为某电厂 1 号机组的＃4 低压加热器危急疏水调节阀，当无法控制低压加热器水位或压力时，该阀门可以通过快速放水来降低水位，防止汽轮机进水而危害机组安全。试验前电厂工程技术人员确认该阀门运行正常，没

有发生泄漏，阀门的主要技术参数为如下。

阀门型号：F15-0064C-02TY。

公称通径：200mm。

工作压力：2MPa。

阀体材料：WCB。

阀杆、阀瓣材料：13Cr。

图 5.12　某火电厂 1 号机组的 4＃低压加热器危急疏水调节阀

现场阀门进口压力保持在 0.3048MPa，用 PCI-2 声发射检测系统对阀门的全关、1%开度、2%开度、5%开度、10%开度五种情况下产生的声发射信号进行检测。

对采集的信号进行 5 层小波包分解，可得各开度下阀门泄漏声发射信号各频率段能量比，前 15 个节点的能量如图 5.13 所示。声发射信号的第 5 个节点和第 15 个节点的能量比值如表 5.1 所示。

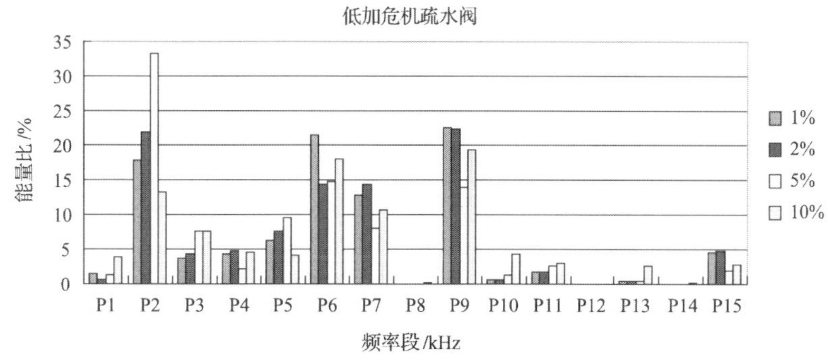

图 5.13　低加危机疏水阀各频率段能量比

表 5.1 低加疏水阀特征频率段能量比

阀门开度	P5 能量比	P15 能量比
1%	6.2143	4.521
2%	7.6447	4.8138
5%	9.5137	1.8576
10%	4.1551	2.8662

从表 5.1 可以看出，低加危机疏水阀在密封面未关严时泄漏产生的声发射信号第 5 节点的能量比 $F_5<10\%$，且第 15 节点的能量比 $F_{15}<5\%$。这也证明了泄漏模式诊断指标的准确性。

5.4 阀门泄漏率定量诊断模型

为了实现阀门泄漏率的定量诊断，需要分析阀门内漏过程中流体流动状态以及声源产生机理，根据动态流体源的发声特性，理论推导出阀门泄漏率与声发射信号均方根 RMS、流体参数以及阀门参数之间的关系式；并通过在阀门泄漏故障模拟实验台上进行实验研究，给出泄漏率的经验公式。

5.4.1 阀门泄漏声发射源定量描述

1) 内漏声发射源的分析模型

阀门产生内漏时，漏孔处流体介质就会形成多相湍射流现象，导致流体发生紊乱伴随空气动力发声，通过阀体向外传播，这类发声为阀门泄漏的主要声发射源。假设内漏为充分的泄漏喷射，并分三个区域(混合、过渡、充分发展)。由文献[9]可知：混合区的延伸距离是阀门直径 D 的 4.0～4.5 倍，射流核心区完全消失的截面称为转折截面，该截面将射流分为起始段和基本段。内、外边界之间的区域称为射流边界层。过渡区距离大致扩展到 D 的 10 倍。在漏口附近，其声压偏低，在距离 3～4 倍直径内会迅速增到极大值，之后开始缓慢降低，泄漏声信号绝大部分来自过渡区和混合区的湍流运动，在喷口附近产生高频噪声，在下游产生低频噪声，在混合区的尖端附近产生频谱峰。过渡区在喷口稍远的地方，在该区域充满湍流，随喷射距离的增加，平均速度渐减，从而射流宽度逐渐扩展。流体在离喷口更远的地方形成完全湍流运动，也就是充分发展区。在该区域内流速逐渐降低直至完全消失，湍流强度也会减弱，产生的声信号为低频信号[7,10,11]。

2）泄漏声发射信号表征参数

阀门泄漏产生的声发射信号属于连续型声发射信号，本章主要采用下列参数来表达泄漏声发射信号的定量特征：平均信号电平（ASL），有效值电压（RMS）[12]。

（1）平均信号电平

描述连续型声发射信号“平均”幅值变化的参数，它和RMS的作用相似，也是一个平均读数。两者主要区别在于：RMS的单位为V，而ASL的单位为dB，它描述的是信号幅值随时间的变化，计算公式为[13]

$$\mathrm{ASL} = 20\lg(\mathrm{RMS}/1\mu\mathrm{V}) - \mathrm{Pre} \tag{5.11}$$

式中，Pre表示前放的增益值。

（2）有效值电压

测量连续型声发射信号电压的参数，计算公式为

$$\mathrm{RMS} = \sqrt{\frac{1}{T}\int_{T_1}^{T_2}[U(t)]^2\mathrm{d}t} \tag{5.12}$$

式中，T为采样时长，s，且$T = T_2 - T_1$；$U(t)$为与时间有关的电压值，V。

其中采样时长至关重要，T值太小，测得的RMS值变化浮动就太大，通常对于泄漏检测，T值选0.5～5s。

5.4.2　阀门泄漏故障定量诊断模型

根据文献[14]可知，液体阀门内部发生泄漏时，所产生的声发射信号是由于四极子和高阶声源释放弹性波的结果，将莱特希尔方程应用于阀门内部泄漏故障，得到基于流体参数的阀门泄漏声功率计算公式为[15]

$$P_s = C_0 \cdot \frac{p_1^4 d^{16}}{\alpha^5 \rho^3 D^{14}} \tag{5.13}$$

式中，P_s为声功率，W；C_0是比例常数；p_1为阀门入口压力，Pa；d是泄漏孔直径，m；α为声音在流体中的传播速度，m/s；ρ为阀门泄漏孔处流体密度，kg/m^3；D为阀门公称直径，m。

根据作者的研究工作[8]，已经推导出基于声发射特征参数均方根值RMS的阀门泄漏率计算公式，通过对前人理论研究的总结可知，液体介质通过阀门的理论体积泄漏率Q(m^3/s)与声发射信号均方值(RMS)^{2}之间有如下理论关系[16]：

$$\frac{\mathrm{RMS}^2}{Q^8}=\frac{\rho}{\alpha^5}\left(\frac{p_1}{\Delta p}\right)^4\times\left(\frac{C_1}{c_f^8 D^{14}}\right)=k_1\times k_2 \tag{5.14}$$

式中，C_1 为简化的流体变量函数(其忽略了声发射传感器、设备增益、参考电压、信号衰减和阀体材料的因素的影响)；c_f 为阀门阻尼孔系数，为无量纲系数；ρ 为阀门泄漏口处流体密度，kg/m^3；α 为声音在流体中的传播速度，m/s；p_1 为阀门入口压力，MPa；Δp 为流体通过阀门的压降，kPa；D 为阀门公称直径，m；k_1 被定义为与流体性质和参数有关；k_2 被定义为与阀门型号和尺寸有关。

对于通过同种介质的同类阀门，流体密度 ρ、声音在流体中的速度 α 和阀门阻尼孔系数 c_f 为常数，因此，式(5.14)可以化简为

$$Q^8=C_2\frac{\mathrm{RMS}^2\Delta p^4 D^{14}}{p_1^4} \tag{5.15}$$

式中，C_2 为再次简化后的流体变量函数，对于通流介质为同种液体的不同阀门，C_2 可以看作一个常量。

对式(5.15)两边取对数，可得

$$\lg Q=0.125\lg C_2+0.25\lg\mathrm{RMS}+0.5\lg\left(\frac{\Delta p}{p_1}\right)+1.75\lg D \tag{5.16}$$

由式(5.16)，提出阀门泄漏率的经验公式：

$$\lg Q=a_0+a_1\lg\mathrm{RMS}+a_2\lg\left(\frac{\Delta p}{p_1}\right)+a_3\lg D \tag{5.17}$$

对于每一种阀门，通过实验室的实验可以得到一组数据，根据上述经验公式进行拟合，可以确定系数 a_0、a_1、a_2 和 a_3，从而得出阀门泄漏故障定量诊断的经验公式。

5.4.3　阀门泄漏故障定量诊断实验研究

1) 实验内容

(1) 通过调节阀门开度模拟漏孔尺寸的大小，由 PCI-2 声发射检测仪测得 50mm 闸阀、65mm 闸阀和 50mm 截止阀各工况下的泄漏声发射信号。

(2) 通过不同量程的量杯和秒表测得阀门泄漏流量，并对应保存的泄漏声发射信号文件进行记录。

2）实验结果分析

（1）阀门泄漏率定量诊断模型

由于实验室内直径不同的阀门数量有限，关于直径的实验数据组数有限。为了拟合的方便，取 a_3 等于 1.75，即为理论推导公式(5.17)中直径项的系数。对每种阀门在各工况下共 200 多组实验数据进行多元函数拟合，得到各被测阀门泄漏率的经验公式：

$$\lg Q_{截50} = 0.212\lg \mathrm{RMS} - 0.4486\lg\left(\frac{\Delta p}{p_1}\right) - 1.7611 \tag{5.18}$$

$$\lg Q_{闸50} = 0.2916\lg \mathrm{RMS} - 0.9706\lg\left(\frac{\Delta p}{p_1}\right) - 0.6114 \tag{5.19}$$

$$\lg Q_{闸65} = 0.285\lg \mathrm{RMS} - 0.8873\lg\left(\frac{\Delta p}{P_1}\right) - 0.8576 \tag{5.20}$$

理论研究表明，阀门泄漏率与 RMS 值、阀前阀后压力差以及阀门尺寸均有一定关系；实验研究也表明，对于不同尺寸或是在不同压力下工作的阀门，即使它们具有相同的泄漏率，被检测的 RMS 值也是不一样的，甚至会相差几个数量级。这也就说明通过 RMS 多项式来定量诊断阀门泄漏率还存在一定的难度。通过拟合得到的阀门泄漏率经验公式的三维曲面图分别如图 5.14～图 5.16 所示。

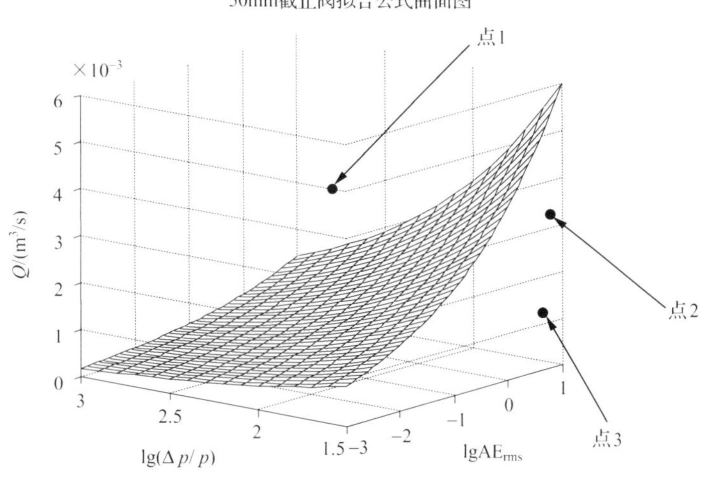

图 5.14　50mm 截止阀拟合公式三维曲面图

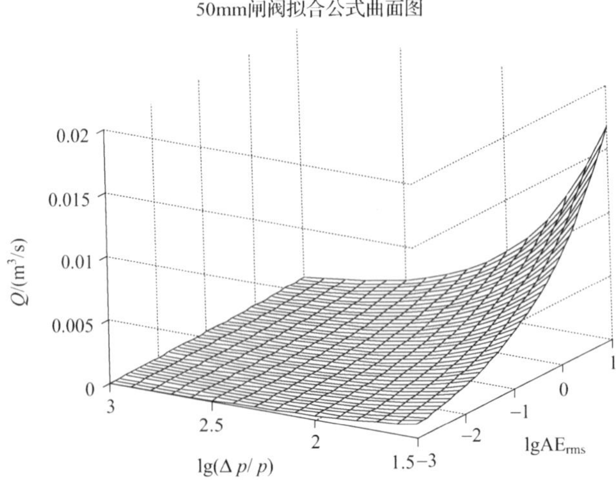

图 5.15　50mm 闸阀拟合公式三维曲面图

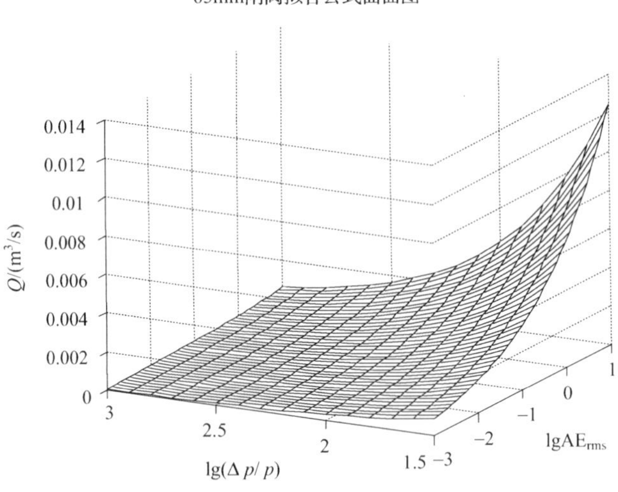

图 5.16　65mm 闸阀拟合公式三维曲面图

以 50mm 截止阀公式三维曲面图为例，如图 5.14 所示，若实验数据点落在三维曲面图上方(如点 1)，则说明实验测得的泄漏率大于理论计算泄漏率；若实验数据点刚好在三维曲面上(如点 2)，则说明实验测得的泄漏率等于理论计算泄漏率；若实验数据点落在三维曲面下方(如点 3)，则说明实验测得的泄漏率小于理论计算泄漏率。

由图 5.14～图 5.16 可以看出，RMS 值随着泄漏率的增大有增大的趋势，并且分析实验数据可知：当 RMS 值大于 0.005mV 时，阀门均有大于 100mL/s 的泄漏率；在实验室可以根据 RMS 值来判断阀门是否发生泄漏，而工程现场环境噪声复杂、流体参数大不相同、阀门尺寸也要大，这都会使得 RMS 值数量级发生变化。因此，RMS 值并不能直接代表阀门的泄漏率。

由于闸阀的流量系数比截止阀要大，所以当声发射信号 RMS 值和压差比分别在相同的范围时，闸阀的泄漏率要比截止阀高一个数量级。随着阀门参数、流体参数和声发射特征值的变化，三个阀门的泄漏率有着相同的变化趋势，阀门泄漏率在不同的压力比下，随着 RMS 值的增大依然呈上升趋势，并且阀门直径、阀前阀后压力变化及声发射特征值会不同程度地影响泄漏率的计算，从理论上说明了该经验公式的可行性。

(2) 阀门泄漏率诊断实例

以 65mm 闸阀为例，如图 5.17 所示，圆点为实验获得的数据点，网面为闸阀泄漏率公式的三维曲面，圆点的体积选得足够大，所以如果实验获得的泄漏率与理论计算泄漏率相差不大，则圆点将会穿过三维曲面。图 5.17(a)、图 5.17(b)分别为不同视角看到的三维曲面图形。从图 5.17 中可以看出，圆点几乎都穿过三维曲面，说明实验数据点均分布在三维曲面的附近。

将泄漏率经验公式计算得出的泄漏率与实际测得的泄漏率在各实验工况下进行对比，误差如表 5.2 所示。

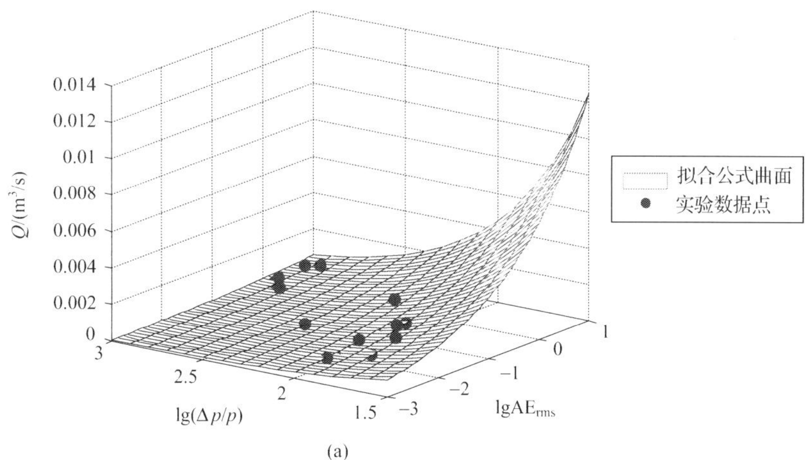

(a)

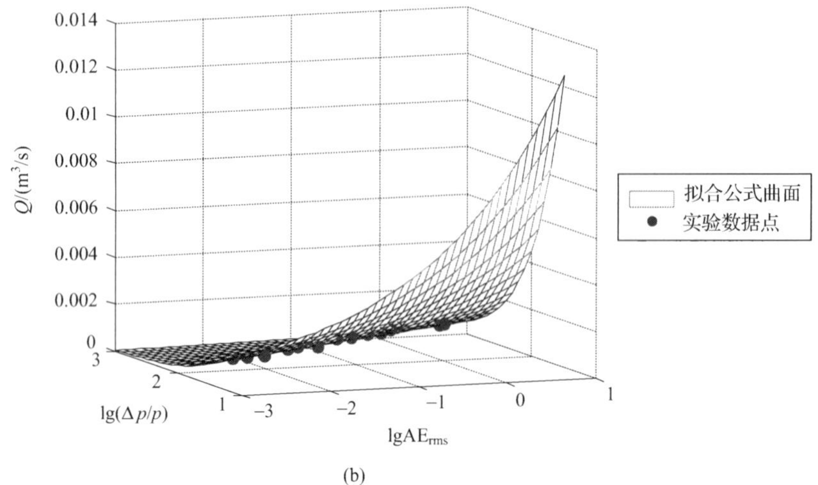

(b)

图 5.17　65mm 闸阀实验数据点在经验公式三维图上的分布图

表 5.2　65mm 闸阀泄漏率在各实验工况下的误差

开度	阀前压力 /MPa	阀后压力 /MPa	实测泄漏率 /(mL/s)	理论诊断泄漏率 /(mL/s)	经验公式误差
14.2%	0.35	0.055	339.05	351.33	3.62%
14.2%	0.55	0.07	408.86	370.13	−9.47%
14.2%	0.8	0.09	528.52	524.03	−0.85%
15%	0.2	0.06	401.04	362.26	−9.67%
15%	0.45	0.12	671.17	619.2	−7.74%
19.2%	0.1	0.075	477.27	433.51	−9.17%
21.7%	0.4	0.34	1322.96	1272.53	−3.81%
31.7%	0.2	0.18	852.23	935.16	9.73%
31.7%	0.35	0.32	1215.91	1331.82	9.53%
37.5%	0.35	0.32	1238.5	1188.95	−4%
43.3%	0.1	0.09	588.24	625.2	6.28%
43.3%	0.2	0.18	825.08	749.84	−9.12%
50%	0.1	0.09	531.18	551.79	3.88%
50%	0.15	0.14	767.65	825.02	7.47%
50%	0.3	0.28	1252.1	1128.35	−9.88%
75%	0.1	0.09	519.48	495.04	−4.7%

由表 5.2 可知，由阀门泄漏率经验公式计算得到的泄漏率定量诊断结果与实际测得的泄漏率误差不超过 10%，在允许误差范围内。在条件允许的情况下，已知阀门参数、阀前阀后压力以及声发射信号均方根值，即可计算出阀门泄漏率。

5.5　基于 LabVIEW 的阀门泄漏监测系统开发

要想使阀门泄漏故障在线诊断更加直观、明了，则需通过计算机硬件和软件系统将信号的采集与分析融合为一体来实现。首先根据泄漏信号特征选择合适的硬件，而软件开发系统的选择对于整个泄漏监测系统的性能高低也起到至关重要的作用。本章以通过图形化框图进行编程的 LabVIEW 软件为开发平台，来实现阀门内部泄漏诊断系统的构建与开发。

5.5.1　阀门泄漏故障监测系统总体设计

根据阀门泄漏故障监测系统功能要求，并结合美国国家仪器公司(NI)开发的 LabVIEW 件模块化、图形化编程特点，设计开发的阀门泄漏故障声发射监测系统总体功能结构如图 5.18 所示。阀门泄漏故障监测系统主要由用户登录、输入信息、设置参数、数据采集、数据分析处理、数据保存、状态监测、趋势分析以及数据回放等功能组成。每个功能模块相互独立又紧密连接成一个整体。用户通过设定的密码登录系统，进入“输入信息”模块主要完成前期相关参数设定及被测阀门选型，确定阀门的泄漏率经验公式；“参数设置”模块主要完成系统硬件的采集参数设置，并对传感器接收的信号进行延时计算以剔除噪声信号；“数据采集”模块完成对信号的采集获取；“数据分析”主要根据采集的数据来进行相应的分析，获得信号特征值；“数据保存”用于对原始数据进行保存，方便信号的调用和分析；“状态监测”实现对阀门泄漏简单的可视化显示，使得用户对阀门泄漏监测系统所检测的阀门状态(即泄漏率与泄漏模式)有直观的了解；“趋势分析”对监测过程中声发射信号的特征值的实时变化趋势进行显示；“数据回放”用来对历史数据进行回放。阀门泄漏故障监测系统主界面菜单栏分为文件、操作、诊断、查看及帮助五个模块。

5.5.2　阀门内部泄漏故障监测系统硬件结构选择

声发射传感器需要根据实际声发射信号的频带分布范围来进行选择，以保证检测的信号的有效性和真实性。声发射信号属于高频信号类，对采样频

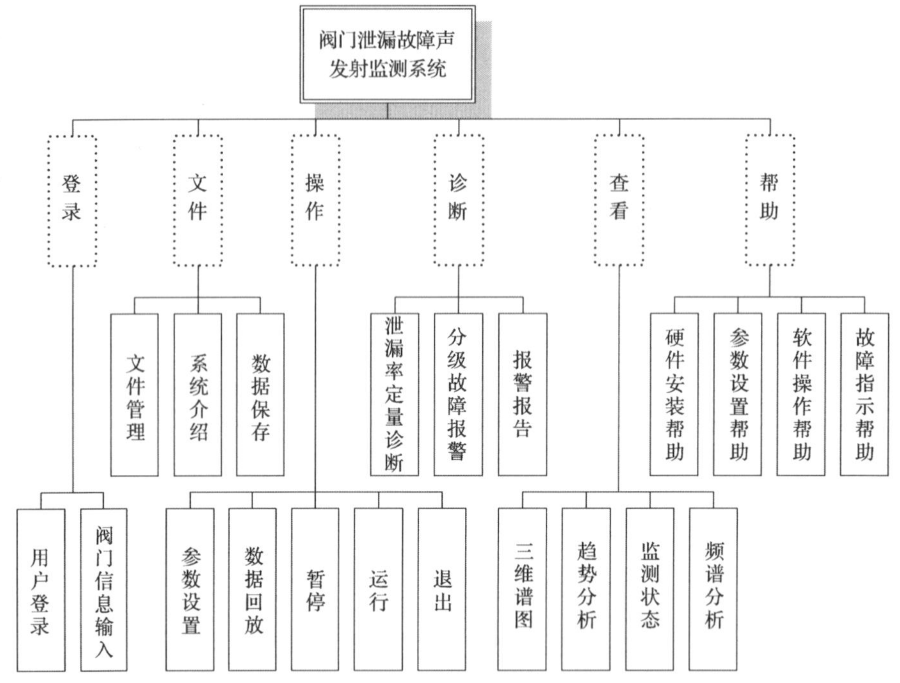

图 5.18　阀门内部泄漏故障监测系统功能示意图

率和采样精度有很高的要求，对采集卡的性能也要求很高，若采集卡的采样率和采样精度达不到，则所采集的信号将会失真，与原始信号出现一定的偏差。

1）声发射传感器选型

声发射传感器是接收声发射信号的关键设备，它能将声发射信号转换成电压信号供检测设备接收，声发射传感器选择一般考虑以下几个因素。

(1) 频响范围。阀门泄漏声发射信号在 20～300kHz，选择的传感器的频率响应范围至少包含这一区间。

(2) 灵敏度。声发射信号为高频信号，需要尽量选择高灵敏度的传感器。

(3) 温度范围。所选择的传感器的适用温度范围应覆盖实际测试环境所处温度范围。

(4) 尺寸大小。应选择方便携带和安装的传感器。

综合上面因素，根据火电厂生产环境特点，用于阀门内部泄漏检测的声发射传感器性能参数建议在下列范围选择。

频响范围：20～600kHz。

灵敏度：大于－65dB。

工作使用温度范围：－20～80℃。

2) 前置放大器选型

从传感器输出的信号一般都很弱，需要前置放大器将信号进行放大，从而实现信号的长距离传输。前置放大器还具备物理滤波功能，能滤除一定的环境噪声，增强信号的信噪比。建议选用与传感器相匹配的 PAI 型前置放大器。主要技术参数如下。

带宽：10kHz～2MHz。

放大倍数：40dB。

动态范围：75dB。

噪声：小于 2μV。

输入阻抗：大于 50MΩ。

3) 信号采集卡选型

采集卡用来完成对信号的数据采集、信号放大以及 A/D 转换功能。选择采集卡主要考虑以下几个技术参数。

(1) 采样率。根据奈奎斯特采样定理可知，信号的采样频率至少应大于待测信号包含的最高频率的 2 倍以上，才能保证信号的不重叠失真。为了获得更精准的信号，在实际工程应用中通常将信号的采样频率提高 5 倍或 10 倍[17]，因此采集卡的采样频率应尽可能选择高采样率的采集卡。

(2) 精度。声发射信号属于高频信号，对转换精度要求高，至少需要 12bit 精度以上才能满足要求。

(3) 接口方式。常见的数据采集卡接口方式有 CompactPCI，PCI，USB 等，从数据传输速度和可靠性角度来考虑，应首选 PCI 总线接口的采集卡。

根据以上因素考虑，作者开发泄漏监测系统时选用了与 LabVIEW 兼容的 NI 公司生产的 PCI-6110 多功能高性能数据采集卡，该卡支持 4 通道单端模拟输入，单通道独立采样率最大支持 5MS/s；数据更新速率达到 4MS/s；A/D转换精度为 12bit。

4) 硬件系统结构

系统的硬件结构组成如图 5.19 所示，声发射传感器连接前置放大器输入端，前置放大器出口端连接采集卡的接线盒，接线盒与采集卡连接，采集卡与计算机 PCI 插槽连接。

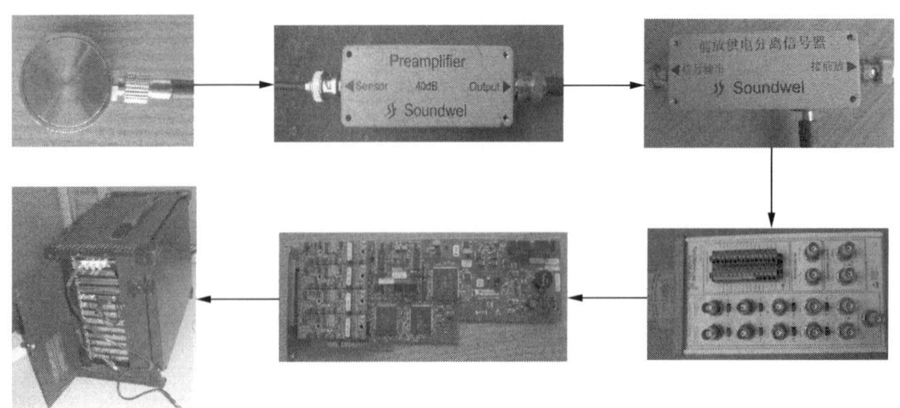

图 5.19　硬件系统结构图

5.5.3　监测系统软件设计

1) 软件系统整体结构

阀门内部泄漏故障监测系统应用软件由信息输入模块、信号采集模块、参数设置模块、信号分析与处理模块、泄漏率计算模块、泄漏模式判定模块、故障报警模块、数据回放模块、文件管理模块及帮助模块等组成。下面简单介绍信号采集模块、信号分析与处理模块、故障报警模块。

(1) 信号采集模块

LabVIEW 软件的 DAQ VI 模块用来将采集硬件传输的数据与计算机软件之间进行良好的交互通信。DAQ 子 VI 任务创建时，系统能根据连接的硬件型号自动识别，用户只需简单进行设置就可以实现数据的采集通信功能。

(2) 信号分析处理模块

信号分析处理模块用来对信号进行频谱分析、特征参数提取等。如图 5.20 的流程图所示，先对在阀门前后(上游和下游)两个通道采集的声发射信号进行数字滤波处理，再进行信号的延时处理，然后将两通道数据进行相减达到滤除声发射源的干扰噪声的目的。然后，采用快速傅里叶变换对信号进行处理，得到阀门泄漏信号有效的幅值谱、功率谱密度以及声发射特征参数等。

(3) 故障报警模块

电站阀门种类繁多，依据工作介质及所处位置的不同，其判定泄漏严重程度的标准也不同。阀门泄漏故障监测系统除了对被测阀门的泄漏模式及泄漏

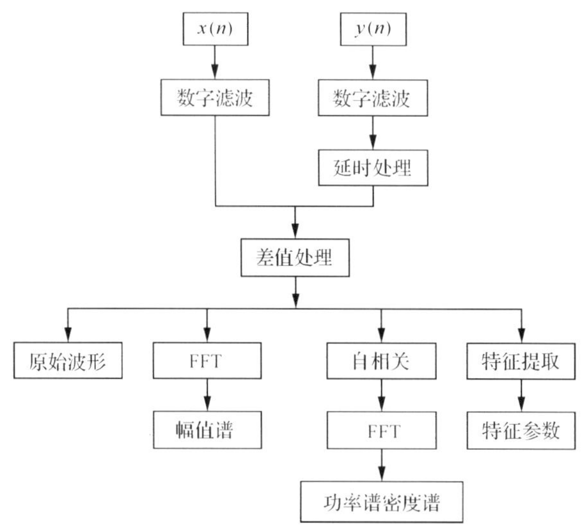

图 5.20　信号分析处理流程图

严重程度进行监测报警，还需给出维修建议。

2）阀门泄漏模式诊断模块

由前述的理论及实验研究可知，阀门泄漏模式的诊断指标为阀门泄漏声发射信号经过 5 层小波包分析后获得的第 5 频率段和第 15 频率段能量比。在阀门泄漏故障监测系统中调用 MATLAB 程序对经滤波降噪后的声发射信号进行小波包分析，提取第 5 频率段能量比和第 15 频率段能量比，利用提取的定量指标来实现泄漏模式的诊断。

3）阀门泄漏率计算模块

由前述的理论及实验研究可知，通过对阀门泄漏数据库中的数据进行拟合可得到阀门泄漏率经验公式，将经验公式转换为相应的软件代码，可以实现泄漏率在线定量诊断。

5.5.4　系统界面设计

整套系统是基于可视化的原则设计的，由登录系统界面、信息输入界面、参数设置界面、监测主界面等各子功能界面组成。如图 5.21 所示为系统的登录界面，用户通过输入账号和密码登录之后即可对该系统进行进一步的操作。

单击“运行”按钮后，即可进入“输入信息”界面，如图 5.22 所示，在此界面中对被监测阀门的基本信息进行选择确定，从而确定所需调用的阀门泄漏率经验公式。

图 5.21　系统初始登录界面

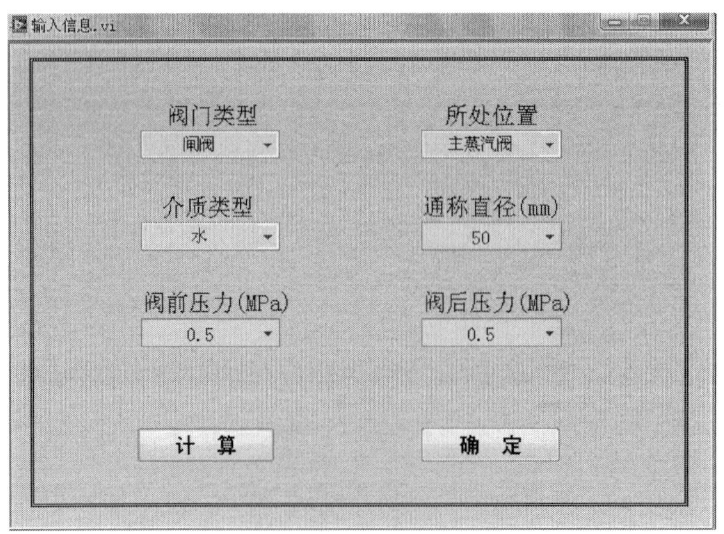

图 5.22　输入信息界面

完成阀门基本信息的选定，单击“确定”按钮，进入“阀门泄漏故障监测”界面，监测界面上有菜单栏、操作选择区和信息可视化显示区。菜单下拉列表里包含了本系统的所有功能，也可通过单击各个下拉菜单列表实现相对应的功能。操作选择区含有几大主要的系统操作功能按钮，还有系统状态显示和故障指示，其中故障度是指泄漏的严重程度，一个红灯表示轻微泄漏，两个红灯表示中度泄漏，三个红灯表示严重泄漏。“参数设置”界面如图 5.23 所示，可以设置采集参数、对阀前阀后两通道信号进行延时计算及选定采集数据的保存路径。单击“运行”按钮后，信息可视化显示区可以分别显示系统的监测状态、频谱分析、趋势分析界面，如图 5.24 所示为运行中的阀门泄漏故障监测系统界面。

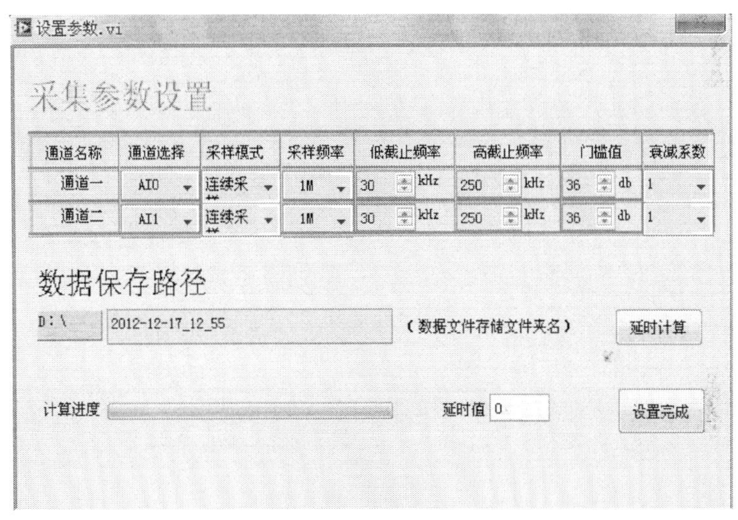

图 5.23　参数设置界面

5.6　本章小结

本章围绕基于声发射检测的阀门内部泄漏故障检测技术进行研究和探讨，取得了以下几个方面的成果。

(1) 对常见的阀门泄漏模式进行分类，并从流体力学的角度分析探讨了各泄漏模式下流体所具有的能量，通过阀门泄漏信号各频段能量占信号总能量的比例分布特征来区分泄漏模式的类别，提出了基于小波包分析的阀门泄漏模式特征提取方法。

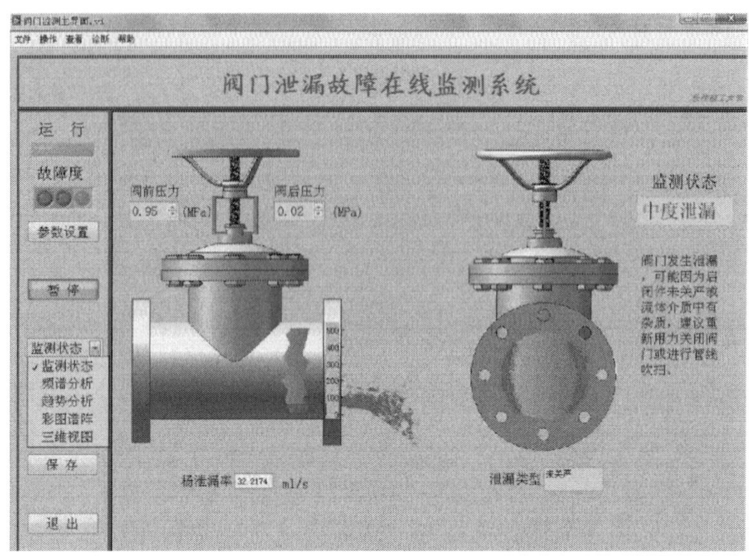

图 5.24　运行中的阀门泄漏故障监测系统界面

(2) 在实验室阀门泄漏故障模拟实验台上对具有不同泄漏模式的阀门泄漏状态进行模拟实验研究，以美国 PCI-2 声发射检测系统为检测仪器，将检测的信号进行小波包分析，获得不同泄漏模式下声发射信号能量的变化规律，提取阀门在不同泄漏模式下声发射信号的能量分布特征，根据声发射信号在某些特定频率段能量占信号总能量的百分比对阀门两种典型泄漏模式进行诊断。诊断指标为泄漏信号经过 5 层小波包分析后第 5 节点能量比 F_5 和第 15 节点能量比 F_{15}，当

$$\begin{cases} F_5 > 10\% \\ F_{15} > 5\% \end{cases}$$

时，阀门为微小裂纹或漏孔引起的泄漏；反之，阀门为密封面未关严引起的泄漏。

(3) 在前人研究的基础上推导出阀门泄漏率关于声发射信号、流体参数以及阀门参数的关系式 $\lg Q = a_0 + a_1 \lg \mathrm{AE_{rms}} + a_2 \lg\left(\frac{\Delta p}{p_1}\right) + a_3 \lg D$，并且通过大量的实验数据拟合得到阀门泄漏率的经验公式。

(4) 以 LabVIEW 软件为系统开发平台，设计开发出阀门内部泄漏故障监测系统。监测系统由硬件和软件两部分组成，硬件系统采用便携式工业计算机，整套监测系统结构简便，具有很强的便携性。软件系统采用了新的更优的信号分析处理方法，并从泄漏模式和泄漏率两个方面对阀门泄漏故障进行可视化显示。

参 考 文 献

[1] 张平，施克仁，狄荣生，等. 小波变换在声发射检测中的应用[J]. 无损检测，2002，24(10)：436-441.

[2] 赵冬梅，朱目成，江涌，等. 小波理论及其在声发射信号处理中的应用现状[J]. 传感器世界，2006，9：52-53.

[3] 黄琪，李录平，晋风华，等. 升降速过程中滑动轴承声发射信号特征研究[J]. 汽轮机技术，2008，50(3)：214-218.

[4] Chen P，Chua P S K，Lim G H. A study of hydraulic seal integrity[J]. Mechanical Systems and Signal Processing，2007，21(2)：1115-1126.

[5] Jomdecha C，Prateepasen A，Kaewtrakulpong P. Study on source location using an acoustic emission system for various corrosion types[J]. Nondestructive Testing and Evaluation International，2007，40(8)：584-593.

[6] 刘进. 阀门常见故障原因及处理方法[J]. 科技创新导报，2011，7(21)：71-76.

[7] 孔珑. 流体力学(Ⅱ)[M]. 北京：高等教育出版社，2003.

[8] 高倩霞，李录平，饶洪德，等. 阀门泄漏故障状态与声发射信号特征之间定量关系实验研究[J]. 热能与动力工程，2011，26(5)：582-587.

[9] 孔德连. 声发射技术在阀门泄漏在线监测方面的应用[D]. 北京：北京化工大学，2010.

[10] 张颖，戴光，赵俊茹，等. 阻塞流下阀门内漏率的声学检测与计算[J]. 化工机械，2006，33(5)：296-299.

[11] 戴光，王新颖，张颖，等. 承压阀门内漏声学检测方法[J]. 大庆石油学院学报，2003，27(3)：70-73.

[12] 王文奇. 噪声控制技术[M]. 北京：化学工业出版社，1987.

[13] 杨明伟，耿荣生. 声发射检测[M]. 南京：东南大学出版社，1991.

[14] Morse P M，Ingard K U. Theoretical Acoustics[M]. New York：McGraw Hill，1968.

[15] Kaewwaewnoi W，Prateepasen A，Kaewtrakulponng P. Investigation of the relationship between internal fluid leakage through a valve and the acoustic emission generated from the leak age[J]. Measurement，2010，43：274-282.

[16] Püttmer A，Rajaraman V. Acoustic emission based online valve leak detection and testing[J]. IEEE Ultrasonics Symposium，2007(7)：1854-1857.

[17] 顾郁莲，蔡宣平，颜飞翔. 虚拟仪表的可视化技术[J]. 电子技术应用，2000(6)：50-54.

第6章　疏水关断类阀门内部泄漏温度诊断理论与技术

6.1　概　　述

火电厂疏水系统是收集和输送在全厂各类汽水设备及管道中形成的凝结水所需要的设备和管路系统。发电厂的疏水系统包括锅炉、汽轮机本体、高压加热器、低压加热器等设备疏水，以及主蒸汽管道、再热蒸汽管道以及各抽汽管道的蒸汽管道疏水。疏水系统的功能和作用，主要是去除汽水系统中各设备和管道在预热过程中由于低于饱和温度所产生的凝结水，防止出现水击事故、管道或设备振动等情况，保障机组的正常运行。

火电机组的疏水分为启动疏水和经常疏水。经常疏水又称为永久性疏水，它能将蒸汽管道中产生的凝结水连续排出。经常疏水装置设置在管道的最低点前面、截断阀门前面、流量孔板前侧、蒸汽管道垂直升高之前的水平管段上和用汽设备的下部凝结水出口管道上。直管段每隔一定长度也要设经常疏水装置。启动疏水是指管道开始暖管时，将管道内产生的凝结水及时排出。启动疏水装置应设置在管道启动时需要及时疏水、可能积水的低位点，分段暖管的末端，水平管段上波形补偿器的每个波节下部，水平管道上阀门、流量孔板的前面等位置。

当机组处于带负荷运行工况时，启动疏水系统的阀门处于关闭状态。此时，如果阀门出现内部泄漏，则阀前的工质（蒸汽）会通过该阀门漏至低压蒸汽容器或汽轮机凝汽器，造成能量损失，并给设备带来安全隐患。

众所周知，当蒸汽疏水阀门发生泄漏时，疏水管道内有高温工质流动。由于工质不断向管壁传热，管壁温度会逐渐升高。待工质流动状态趋于稳定后，管壁温度才会基本保持不变。正因为疏水管道管壁温度升高这一特征与疏水阀门发生泄漏息息相关，所以蒸汽疏水阀门前的管壁温度特征可以用于诊断疏水阀门泄漏的依据。研究阀门泄漏量与管壁温度特征之间的关系的前提是如何用理论方法计算出管壁温度。本章通过对火电厂疏水管道在不同阀门泄漏工况下的温度场分布进行数值模拟计算，得出疏水管道壁温分布与泄漏量的变化关系，为工程现场诊断疏水阀门的内部泄漏故障提供理论模型与计算依据。当蒸汽疏水阀门未发生内部泄漏时，由于管壁散热，在远离疏水管道进口处的管壁温度会接近外界环境温度。此时的管壁温度分布将会成为诊断阀门是否发生泄漏的参考依据。

本章和第 7 章所讨论的蒸汽疏水阀门专指启动疏水系统中的关断类阀门，此类阀门在机组带负荷运行时处于切断状态。

6.2　疏水系统管壁温度计算原理与方法

6.2.1　疏水阀门有泄漏工况下的计算模型

因火电厂机组启动暖机时各疏水点压力不同，应将各处疏水分别引入压力不同的疏水集管中，再接至设置在凝汽器附近的 1～2 个疏水扩容器，疏水扩容器的汽、水侧分别与凝汽器汽、水侧相连。

图 6.1 为火电厂蒸汽疏水系统的一般结构。从图 6.1 可知，每一根疏水管道都对应着一组进口蒸汽参数(蒸汽温度 T 与压力 P)，且疏水管道的外表

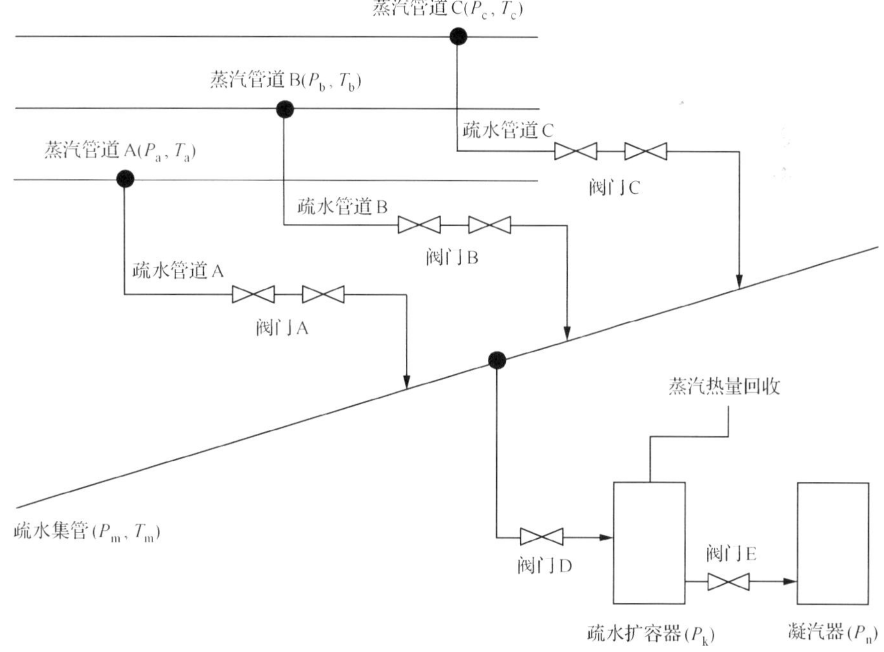

图 6.1　电厂疏水系统一般结构示意

面都是由保温层包覆以减少热量损失。由于每一个疏水系统都有着一定的相似性，为了方便研究，本书只提取了蒸汽管道 A 的疏水系统作为研究对象，其三维实体模型见图 6.2。

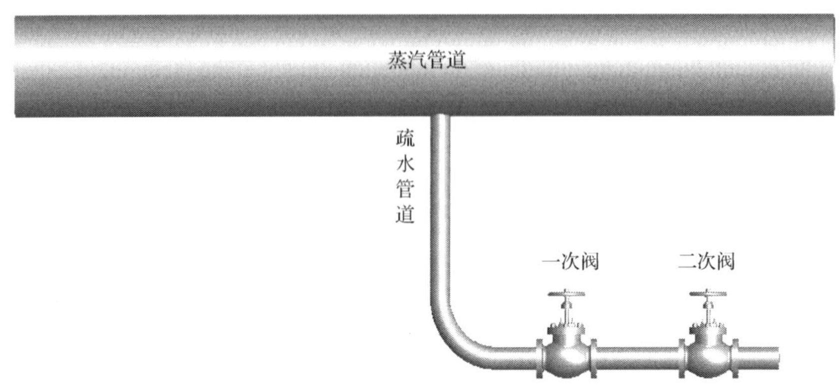

图 6.2　典型疏水管道的三维实体模型

1）疏水系统传热过程物理模型

当蒸汽疏水关断类阀门发生泄漏时，阀前管道内就有高于周围环境温度的蒸汽或者水流动，管内工质就会通过管壁与管外的保温层向外传递热量。当泄漏量稳定时，一段时间后传热过程也趋于稳定，故传热速率与管壁温度将维持为一定值，整个泄漏过程的传热原理如图 6.3 所示。

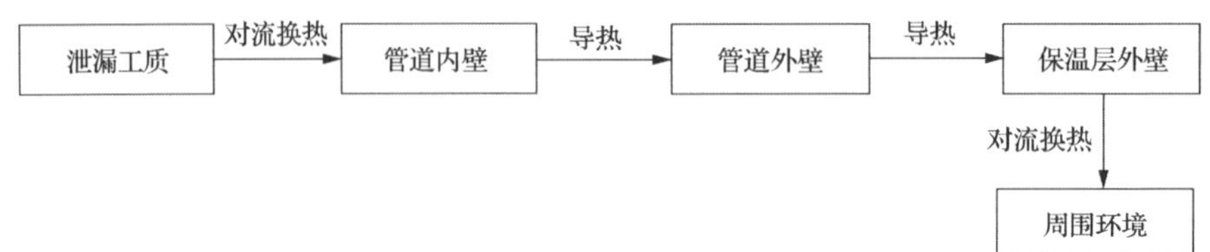

图 6.3　有泄漏工况下疏水管道的传热过程

由于泄漏工质在疏水管道整个传热过程中，其蒸汽参数会发生较大的变化，所以并不能以进口蒸汽参数作为其物性参数的依据，需要对疏水切断阀阀前管道进行划分，所以本书建立如图 6.4 所示的圆筒管壁微元管段传热模型。图 6.4 中，t_{in}、t_1、t_2、t_3、t_a 分别表示工质、管道内壁、管道外壁、保温层外壁以及环境空气的温度。Q、Q_1、Q_2、Q_3 分别表示工质与管内壁的换热量、管道导热量、保温层的导热量、保温层外壁与周围环境的换热量。依据模型传热特点，作出如下假设。

(1) Q_4 与 Q_5 分别表示管壁纵向导热量和保温层纵向导热量，由于纵向导热量非常小，所以在计算的时候忽略[1]，得到 $Q = Q_1 = Q_2 = Q_3$。

(2) 由于钢材的导热系数比较大，即使壁厚为 11mm 时，钢管内外壁温差仅为 0.1℃，即管内外壁温度相等[1]，取 $t_1 = t_2$。

(3) 管壁与保温层的散热可近似看作单层圆筒壁导热问题。同时在电厂中，为了减少散热损失，电厂的窗户通常是关闭的，因此室内风速较低，可将保温层外壁向周围环境传热的方式当作自然对流。

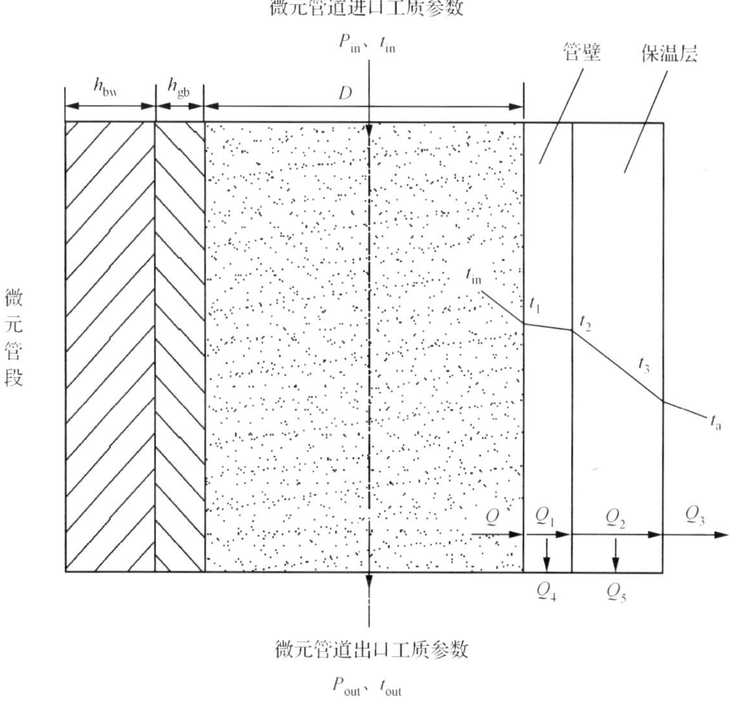

图 6.4　微元管段圆筒管壁传热有限元模型示意图

2) 疏水系统传热过程数学模型

在泄漏工况下，微元管段内工质会出现流动，必然就会产生压力损失与散热损失。泄漏工质的压力损失就是水力损失，散热损失主要通过两个过程向外传递：保温层内外壁的导热、保温层外壁与周围环境的对流换热。下面对上述两个过程所涉及的公式进行描述。

(1) 泄漏蒸汽的压力损失

整个计算都是从理论计算出发，因而未将泄漏蒸汽的局部阻力损失考虑

进去，只考虑沿程阻力损失，其压力损失计算公式为[2,3]

$$\Delta P = P_1 - P_2 = \eta \frac{8G^2 L}{\rho \pi^2 D^5} \tag{6.1}$$

式中，ΔP 为压降损失，Pa；η 为摩擦阻力系数；G 为泄漏量计算流量，kg/s；D 为疏水管道内径，mm；ρ 为泄漏蒸汽密度，kg/m^3；L 为疏水管道长度，m。

(2) 泄漏蒸汽的散热损失计算公式

①泄漏工质与管道内壁的对流换热计算公式[4]

$$Q = \alpha A \Delta t \tag{6.2}$$

式中，A 为泄漏工质的散热面积，m^2；Δt 为泄漏工质温度与管壁温度之差，℃；α 为对流换热系数，W/(m·K)。

由于对流换热系数与泄漏工质的流动状况有关，其求解公式为[4]

$$\alpha = \frac{Nu\lambda}{x} \tag{6.3}$$

式中，λ 为泄漏工质的导热系数，W/(m·K)；x 为特征长度，疏水管道竖直布置取所划分微元管段的长度；疏水管道水平布置时，取划分疏水管道内径 D，m；Nu 为努塞尔数。求法分为三种情况，在圆筒管壁流程过程中，以 $Re=2000$ 作为管内流动层流与湍流的临界点。

层流时，采用 Hausen 方程[4]：

$$Nu = 3.66 + \frac{0.0688\left(\frac{d}{L}\right)RePr}{1+0.04\left[\left(\frac{d}{L}\right)RePr\right]^{\frac{2}{3}}} \tag{6.4}$$

湍流时，采用 Sieder-Tate 方程[4]：

$$Nu = 0.027Re^{0.8}Pr^{\frac{1}{3}}\left(\frac{\mu}{\mu_w}\right)^{0.14} \tag{6.5}$$

由于泄漏蒸汽在疏水管道流动过程中，其温度会逐渐降低，当阀门处于微小泄漏状态时，泄漏蒸汽温度因不断放热而降至饱和温度，这样蒸汽会在疏水管道内发生凝结，在饱和蒸汽并未完全变成饱和水时，其平均努塞尔数计算公式为[5]

$$Nu = \frac{\alpha d}{\lambda_1} = 0.012Re_v^{0.8}Pr_1^{0.43}\left[1 + x_1\left(\frac{\rho_1}{\rho_v} - 1\right) + 1 + x_2\left(\frac{\rho_1}{\rho_v} - 1\right)\right] \tag{6.6}$$

$$Re_{\mathrm{v}} = \frac{v_{\mathrm{v}} d}{\nu_{\mathrm{l}}} \tag{6.7}$$

式中，ρ_{l} 为饱和水的密度，kg/m^3；ν_{l} 为饱和水的运动黏度系数，m^2/s；Pr_{l} 为饱和水的普朗特数；ρ_{v}、v_{v} 为饱和蒸汽的密度和速度，kg/m^3，m/s；x_1、x_2 为计算微元管段进出口的蒸汽干度。

② 保温层传热量计算公式为[4,5]

$$Q = \frac{2\pi\lambda_{\mathrm{bw}} L \Delta t}{\ln(D_2/D_1)} \tag{6.8}$$

式中，λ_{bw} 为保温层的导热系数，W/(m·K)；Δt 为保温层内外壁温度差，℃；D_1、D_2、L 为管道外径、保温层的外径、微元管道长度，m。

③ 在火电厂中，保温层与周围环境散热量的计算公式为[4]

$$Q_3 = \alpha_z A \Delta t \tag{6.9}$$

式中，Δt 为保温层外表面与空气的温度差，℃；A 为保温层的散热面积，m^2；α_z 为保温层外表面与空气的对流换热系数，主要由疏水管道布置确定。

(3) 微元管段出口工质参数的确定

① 微元管段出口温度与压力的求法

微元管段出口工质的压力 p_{out} 与温度 T_{out} 通过式(6.10)和式(6.11)求出，从而确定下一段微元管段进口工质的定性参数[6,7]。

$$Q_{\mathrm{fr}} = \frac{Gc_{\mathrm{p}}\Delta t}{3600} \tag{6.10}$$

$$G = 3600\rho\pi\left(\frac{D}{2}\right)^2 v \tag{6.11}$$

式中，Δt 为微元管段进口与出口的工质温度差，℃；Q_{fr} 为工质在微元管段内的放热量，J/s；c_{p} 为该微元管段工质的定压比热容，J/(kg·℃)；ρ 为该微元管段进口工质的密度，kg/m^3；v 为工质流过该微元管段的平均速度，m/s。

② 微元管段出口工质干度的求法

图 6.5 为研究微元管段出口蒸汽干度的求解过程，点 1 至点 2 为过热蒸汽的放热过程（放热量 $Q_{1\text{-}2}$），点 2 至点 3 为饱和蒸汽的放热过程（放热量 $Q_{2\text{-}3}$），工质从点 3 变化到点 4 为湿饱和蒸汽的放热过程（放热量为 $Q_{3\text{-}4}$），通过联立式(6.12)、式(6.13)、式(6.14)得到 x_{ck}，即为点 3 处微元管段出口工质的干度，同理通过计算可得到点 4 处工质的干度。如下为详细计算公式[5-7]：

$$Q_{1\text{-}2} = \frac{Gc_{\mathrm{p}}\Delta t}{3600} \tag{6.12}$$

$$Q_{2\text{-}3} = \frac{G(1 - x_{\mathrm{ck}})(h_2 - h_5)}{36} \tag{6.13}$$

$$Q_{1\text{-}3} = \frac{Nu\lambda}{D}A\Delta t \tag{6.14}$$

式中，h_2、h_5 为干饱和蒸汽的焓值、饱和水的焓值，kJ/kg；λ 为过热蒸汽的导热系数，W/(m·K)；G 为工质的泄漏量，kg/h。

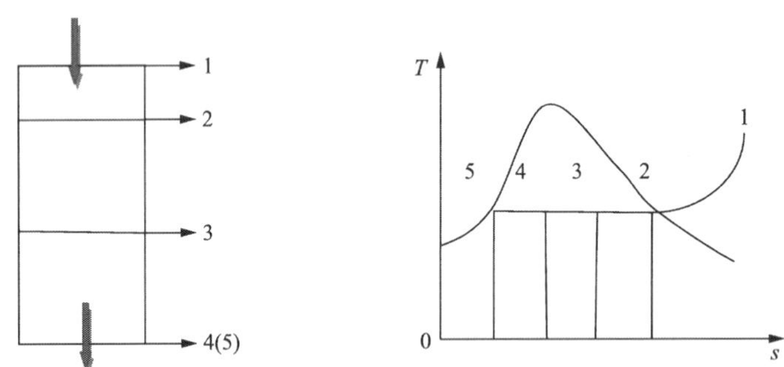

图 6.5 泄漏蒸汽相变示意图

1-过热蒸汽；2-干饱和蒸汽；3-湿饱和蒸汽；4(5)-湿饱和蒸汽或饱和水

6.2.2 阀门无泄漏工况下的计算模型

为了对疏水关断阀门无泄漏时阀前管壁温度分布进行计算，建立如下两种计算方法：一是纯导热法；二是微小泄漏量法。

1) 纯导热法模型

(1) 纯导热法物理模型

当蒸汽疏水关断阀无泄漏(且处于严密关闭状态)时，阀前管道的工质将处于静止状态，随着时间的推移，管道工质温度会逐渐降低，其传热过程可以划分为如下三个阶段。

第一个阶段：对流换热。在这个阶段，部分蒸汽快速冷凝成水，体积减小，蒸汽在疏水管内有明显的流动，蒸汽与管壁进行低流速下的对流换热。

第二个阶段：对流换热与导热共存。在这个阶段，蒸汽的冷凝速度明显减慢，疏水管道内部凝结了质量较多的水，汽液分界面还未稳定，工质与管壁的传热方式呈现对流与导热并存的形态。

第三个阶段:纯导热。在这个阶段,汽液分界面趋于稳定,工质在疏水管内没有明显的宏观流动,工质与管壁的传热方式主要为导热。

在工程实际中,诊断目标阀是否发生泄漏,其参考状态就是无泄漏工况下稳态温度场分布。而处于此阶段中,阀前管道内工质将以图 6.6 所示的传热方式与环境进行热量交换。本管段工质与周围环境通过导热形式传递热量,即本管段工质通过导热与本管段内壁传递热量,接着以导热方式与本管段外壁进行热传递,再通过导热进行保温层内外壁的热传递,最后以对流与辐射换热方式和周围环境进行热交换。由于是稳态传热过程,根据能量平衡方程可知:

从上一管段传入本管段的热量=本管段传入下一管段的热量+本管段传入环境的热量。

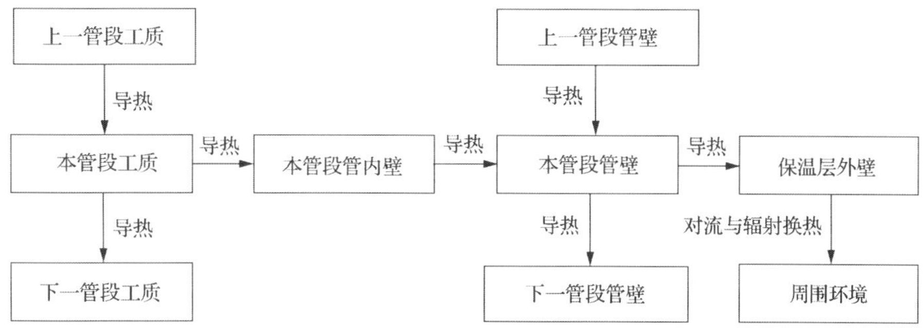

图 6.6　无泄漏工况下微元管段的传热过程示意图

(2) 纯导热法数学模型

基于上述传热过程可知,建立上管段工质与下管段工质导热量的计算公式[4],即

$$\begin{cases} q_1 = A\lambda_m \dfrac{t_1 - t_2}{x} \\ A = \pi \left(\dfrac{D}{2}\right)^2 \end{cases} \tag{6.15}$$

式中,λ_m 为蒸汽平均导热系数,W/(m·K);A 为导热面积,m^2;t_1、t_2 为上管段工质平均温度、下管段工质平均温度,℃。

同时保温层内壁与保温层外壁之间的导热量以及保温层外壁与周围环境的换热量的计算公式分别见式(6.8)和式(6.9)。

2) 微小泄漏量法模型

(1) 微小泄漏量法的物理模型

这里的微小泄漏量法是以阀门微小泄漏量(假设泄漏流量为 1.0kg/h)作为计算起点,当假设的泄漏量小到很小的数值时,由于计算的泄漏量与主管道的蒸汽流量相比非常小,可以近似地将阀门视为无泄漏。与此同时,由于保温层外壁温度与周围环境温度相差不大,所以保温层外壁将与周围环境发生辐射换热,在建立计算模型时,需要将此种传热过程考虑进去。图 6.7 为传热过程示意图。

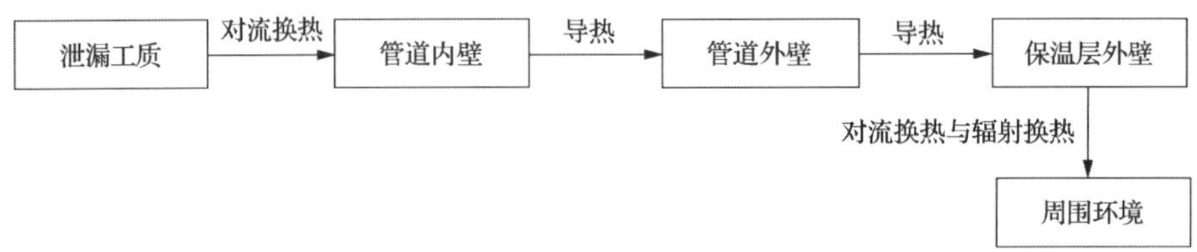

图 6.7 有泄漏工况下管段的传热过程示意图

(2) 微小泄漏量法的数学模型

根据前述的物理模型,疏水管道保温层外表面与环境的热交换包括辐射换热和对流换热。其中,保温层外表面与周围环境的辐射放热计算公式为[4]

$$Q_{fs} = \varepsilon\pi D_2 x\sigma\left[\left(\frac{T_3}{100}\right)^4 - \left(\frac{T_a}{100}\right)^4\right] \tag{6.16}$$

式中,ε 为保温层表面发射率,取 0.9(大部分非金属材料的发射率值都很高,一般在 0.85～0.95,在缺乏资料时,可近似取为 0.9); D_2 为保温层外表面直径,m; T_3、T_a 分别为保温层外表面和空气的热力学温度,K;σ 为玻尔兹曼常量。

在有微小泄漏时,由于工质仍然处于流动状态,所以疏水管道内工质的压力损失与散热损失的计算公式参考式(6.1)、式(6.8)、式(6.9)。

6.2.3 稳态无泄漏工况下管壁温度计算流程

1) 基于纯导热法的计算流程

在纯导热法计算模型中,由于进入疏水管道的蒸汽为稳态工况,同时疏水关断阀未漏,所以整个疏水管道中出现的汽液共存区域的管道长度非常短,计算过程中忽略此长度,以汽液分界面作为过热蒸汽区与液态水区的过渡面,如图 6.8 所示。基于上述假设,汽液分界面位置的确定是求解整个疏水管道管壁温度的重点。

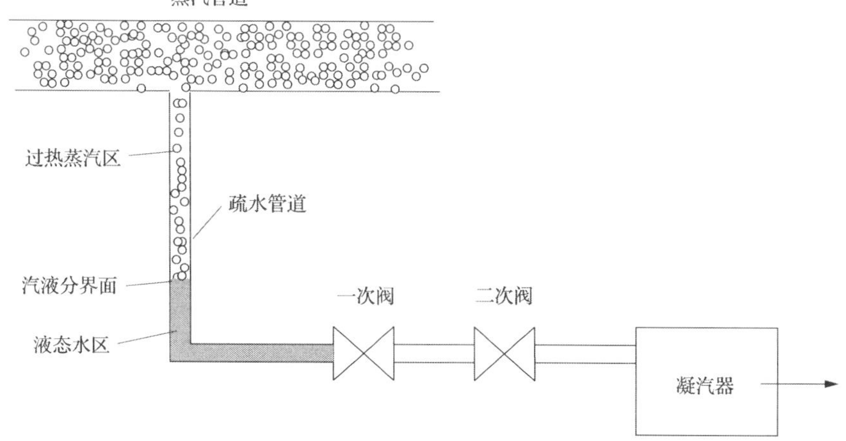

图 6.8　疏水管道内工质状态标识示意图

(1) 疏水管道的蒸汽相变点的临界长度求法

针对传热模型划分的微元管段,构建微元管段热平衡计算式。设每段进口工质温度分别为 $t_1, t_2, t_3, \cdots, t_{n+1}$,且 t_1 温度已知,t_{n+1} 为过热蒸汽的饱和温度。然后对划分的节点进行热平衡计算,以计算第一点建立下列平衡计算公式[6],即

$$q_1 - q_2 = q_3 \tag{6.17}$$

式中,q_1 为上管段工质向本管段工质的导热量,J/s;q_2 为本管段工质向下管段工质的导热量,J/s;q_3 为本管段工质与管壁的导热量,J/s。

针对所有划分的节点,建立下列迭代计算关系式,即

$$\begin{aligned}
A\lambda_{\mathrm{m}}\frac{t_1 - t_2}{x} - A\lambda_{\mathrm{m}}\frac{t_2 - t_3}{x} &= \frac{t_2 - t_{\mathrm{a}}}{R_{\mathrm{z}}} \\
A\lambda_{\mathrm{m}}\frac{t_2 - t_3}{x} - A\lambda_{\mathrm{m}}\frac{t_3 - t_4}{x} &= \frac{t_3 - t_{\mathrm{a}}}{R_{\mathrm{z}}} \\
A\lambda_{\mathrm{m}}\frac{t_3 - t_4}{x} - A\lambda_{\mathrm{m}}\frac{t_4 - t_5}{x} &= \frac{t_4 - t_{\mathrm{a}}}{R_{\mathrm{z}}} \\
&\vdots \\
A\lambda_{\mathrm{m}}\frac{t_{n-1} - t_n}{x} - A\lambda_{\mathrm{m}}\frac{t_n - t_{n+1}}{x} &= \frac{t_n - t_{\mathrm{a}}}{R_{\mathrm{z}}} \\
A\lambda_{\mathrm{m}}\frac{t_n - t_{n+1}}{x} &= \frac{t_{n+1} - t_{\mathrm{a}}}{R_{\mathrm{z}}}
\end{aligned} \tag{6.18}$$

式中，λ_m 为泄漏工质平均导热系数，W/(m·K)；R_z 为传热热阻，$m^2 \cdot K^2/W$；x 为微元管段划分长度，m。

由式(6.18)可知，具有 n 个未知数和 n 个方程，其求解过程：第一步，假定 L；第二步，划分管段，构建代数关系式(6.18)；第三步，根据 $|t_{n+1}-t_s|/t_s \leqslant 0.1\%$ 逻辑判断获得 L。

(2) 管壁温度分布计算

通过上述公式获得划分微元管段内工质的温度场与 q_3，设每个管道微元管段的管壁温度为 $f=(t_{gb1}, t_{gb2}, \cdots, t_{gbn})$，赋予初值，建立每个微元管段 q_3、工质温度、管壁温度的计算公式，从而求出整个管道温度场分布。

2) 基于"微小泄漏法"的管壁温度计算流程

对图 6.8 进行分析，可获知管壁温度计算主要分为如下三个部分：第一部分为过热蒸汽区段；第二部分为汽液混合区段；第三部分为液态水区段。由于整个计算过程中将出现两个转折点：过热蒸汽变为湿饱和蒸汽，湿饱和蒸汽变为饱和水。对于后一个转折点，此处的湿蒸汽干度趋近于 0，因此建立此数学求解模型的重点在于如何求解临界长度。

(1) 疏水管道的蒸汽相变点的临界长度求法

如图 6.8 所示，第一部分可建立如下热平衡方程[6]，即

$$\frac{dt}{dl} = -\frac{q}{c_p G} \tag{6.19}$$

式中，q 为单位长度管道散热损失，J/s；c_p 为过热蒸汽定压比热容，J/(kg·K)；G 为假设的阀门"微小"泄漏流量，kg/s。

沿疏水管道管长取积分，有

$$\int_{t_s}^{t} dt = \int_L -\frac{q}{c_p G} dl \tag{6.20}$$

求解式(6.20)得出如下计算式：

$$L = [\ln(t-t_a) - \ln(t_s - t_a)] \times \left[\frac{1}{\pi d\alpha_g} + \frac{1}{2\pi\lambda_{bw}}\ln\left(\frac{D_2}{D_1}\right) + \frac{1}{\pi d h_z}\right] \times c_p \times G \tag{6.21}$$

式中，t、t_s、t_a 分别为工质温度、工质对应压力下的饱和温度、环境温度，℃；α_g 为工质与疏水管内壁面对流换热系数，W/(m·K)；D_1、D_2 为疏水管道外径、保温层的外径，m；h_z 为保温层外表面传热系数，W/(m·K)。

(2) 传热量以及管壁温度计算方法

对于第一部分、第二部分、第三部分的工质(过热蒸汽、湿蒸汽、液态水)与管道内壁、周围环境与保温层外壁、保温层的换热量的计算方法可参考式(6.2)、式(6.8)、式(6.9),管壁温度的计算流程参见图 6.9。在微元管道管壁温度计算过程中,先对阀前管道进行划分,得到 N 个微元管段。接着,假设阀门泄漏量,并沿着泄漏工质流动的方向逐段计算管壁温度,直至计算出所需微元管段的管壁温度。其计算流程如下:首先假设管道外壁温度 t_2 和保温层外壁温度 t_3,然后分别计算 Q、Q_2、Q_3,对 t_2、t_3 进行迭代计算,直至 Q、Q_2、Q_3 之间的相对偏差小于 0.1%,最后得出微元管段的管壁温度 t_2。然后计算该微元管段出口工质参数,把它作为下段微元管段进口参数,直至算到所需微元管段管壁温度。

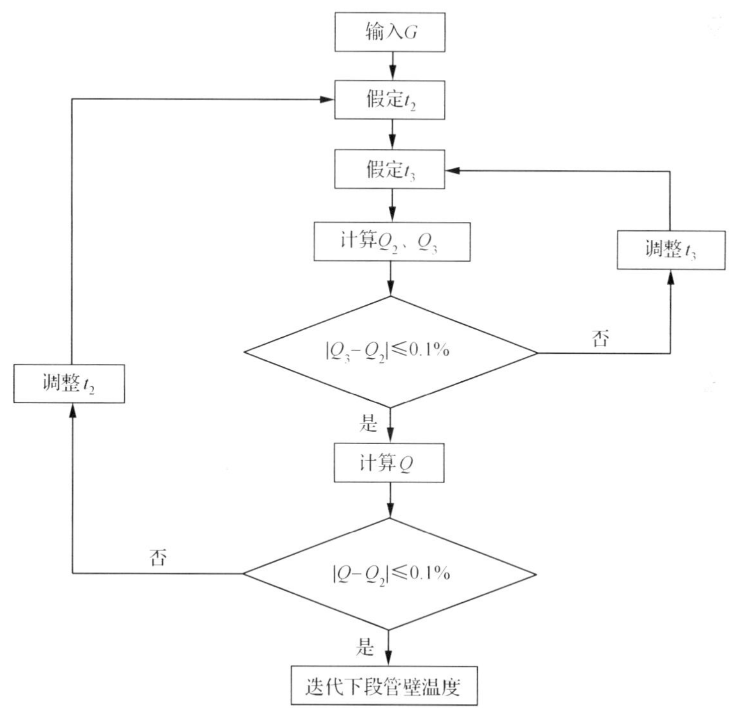

图 6.9　微元管道管壁温度计算程序框图

6.2.4 计算数据与试验结果对比分析

1) 计算实例简介

本章以大唐华银金竹山电厂的♯1机组主蒸汽管道疏水系统作为工程研究对象，搭建了图6.10所示现场试验平台，按照前密后细的原则在疏水阀前管道上布置一定数量的热电偶温度传感器，并借助信号变送器以及型号为XSR70A的温度巡检仪将数据记录下来。被试验研究的疏水系统的结构尺寸如下。

疏水管道内径：89mm。

管壁厚度：12mm。

环境温度：32℃。

保温层厚度：110mm。

疏水阀距主蒸汽管道长度：4900mm。

选取该疏水管道入口的下列两组蒸汽参数进行理论计算和试验研究：P=15MPa、T=540℃；P=11.83MPa、T=500℃。同时将理论计算数据与试验结果进行对比分析。

图6.10　疏水管道系统温度检测现场试验图

2) 试验验证对比分析

(1) 相变点计算结果

在上述两组入口蒸汽参数工况下，采用“纯导热法”计算出的进入疏水管道的蒸汽发生相变点的位置分别在1.68m、1.52m处；用“微小泄漏法”计算出的蒸汽发生相变点位置分别位于距离主蒸汽管道1.8m、1.4m处；由此可知，两种方法计算出的相变点位置相差不大。上两种入口蒸汽参数工况下现场测得的相变点的位置分别出现在 1.6～1.8m、1.3～1.5m。由此可知，本项目提出的两种计算无泄漏工况下管壁温度分布的方法，在确定相变点位置方面具有足够高的准确性。根据计算结果发现，机组在滑压运行时，主蒸汽参数变化将导致疏水管道内蒸汽相变点的变化，蒸汽参数降低时相变点位置向更靠近疏水管道入口位置移动。

(2) 疏水管温度分布计算值与试验结果对比

采用两种计算方法获得的疏水管道温度分布及实测温度分布见图 6.11。

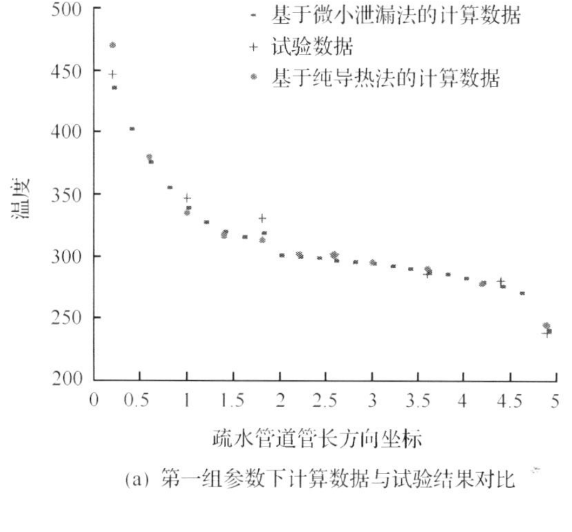

(a) 第一组参数下计算数据与试验结果对比

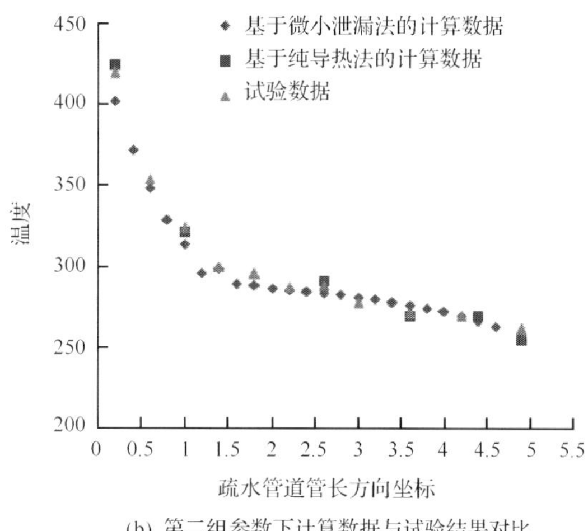

(b) 第二组参数下计算数据与试验结果对比

图 6.11　疏水管道管壁温度分布的计算数据与试验结果对比分析图

图中横坐标表示疏水管道管长方向坐标，纵坐标为温度。分析图 6.11(a)和图 6.11(b)发现，在基于“微小泄漏法”获得的计算数据中，管壁温度分别在相变处有个突变点，这是由于水蒸气发生了相变，传热强度增大。从疏水管道整个温度场分布来看，无论哪种计算方法获得的计算结果都与现场试验检测结果非常相似；同时，疏水管道长度大于 4m 以后的管壁温度，基本接近试验数据。这是因为，随着疏水管道逐渐远离主蒸汽管道以及疏水管道内工质温度降低，理论计算数据与试验检测数据基本接近。现场试验结果验证了理论计算方法的准确性。

6.3 基于疏水管道温度分布特征的阀门泄漏诊断方法

6.3.1 阀门泄漏等级定义

1) 阀门泄漏等级划分方法

目前，在阀门泄漏等级国家标准(GB/T4213—92)中，规定了六个阀门泄漏等级，但是这类等级规定只适合阀门出厂检测，并不能适用于火电厂在用阀门泄漏等级判定。此外，也有研究者采用泄漏率定义阀门泄漏等级，泄漏率即泄漏量与管道蒸汽流量的比值。但是，现代大型火力发电机组均采用滑参数运行方式，各类蒸汽管道(包括主蒸汽管道、再热蒸汽管道、回热抽汽管道等)中的工质流量随负荷工况的变化而发生较大变化，所以，管道内蒸汽流量不是恒定不变的，采用这种方式进行阀门泄漏等级划分并不适合火电厂的工程实际。因此，为了使维修人员能够一目了然的获知疏水关断类阀门运行过程的泄漏状态以及获知泄漏量，采用泄漏量的绝对值划分阀门泄漏等级具有现实可行性，即设定不同泄漏状态的几个阈值，然后根据泄漏量所处区间判断阀门泄漏等级。

2) 疏水关断类阀门泄漏等级定义

本书对火电厂疏水系统关断类阀门泄漏等级的定义见表 6.1。

(1) 渗漏：有很少的工质从阀前经过阀芯结合面漏至阀后。由于泄漏流量很小，阀前工质的状态以液态为主。由表 6.1 可知，当待检测蒸汽疏水关断阀发生泄漏时，如果泄漏量小于或者等于 10kg/h，则将泄漏状态判定为渗漏。

(2) 微漏：泄漏流量较“渗漏”等级略有增加。在此泄漏工况下，泄漏流量大于单位时间内阀前疏水管道传热使蒸汽凝结的量，阀前工质的状态接近于饱和蒸汽状态。如果泄漏量在 10～50kg/h，则将泄漏状态判定为微漏。

(3) 一般泄漏:泄漏流量较“微漏”等级略有较大增加。在此泄漏工况下,泄漏流量远大于单位时间内阀前疏水管道传热使蒸汽凝结的量,阀前蒸汽的温度只比疏水管道入口蒸汽温度略有降低。如果泄漏量在 50～100kg/h,则将泄漏状态判定为一般泄漏。

(4) 严重泄漏:泄漏流量较“一般泄漏”等级有明显增加。在此泄漏工况下,蒸汽在疏水管道中的泄漏流量进一步增加,由于疏水管道中蒸汽流速大,蒸汽从入口开始经历很短时间就从阀门漏出,阀前蒸汽温度与入口蒸汽温度差别很小。如果泄漏量大于 100kg/h,则将泄漏状态判定为严重泄漏。

表 6.1　阀门泄漏等级定量分级

泄漏等级	泄漏量范围/(kg/h)
渗漏	≤10.0
微漏	10.0～50.0
一般泄漏	50.0～100.0
严重泄漏	≥100.0

6.3.2 “两点温度法”提取阀门泄漏故障特征的基本思路

1) “两点温度法”基本原理

疏水管道的管壁温度与管道长度方向坐标和泄漏流量的关系见图 6.12[7,8]。为了方便表述,分别选取如下三个温度特征:测点 1 管壁温度、测点 2 管壁温度、测点 1 与测点 2 之间的温度差值称为两点温差。通常对于一定的疏水系统,在稳态传热过程中(无论有泄漏还是无泄漏),疏水管道的管壁温度沿管道长度分布是确定的。

从疏水关断阀门无泄漏情况来看,每一组蒸汽参数 (P,T) 对应一组测点温度。此外,从理论上分析,只要疏水管道足够长,阀前管壁温度将趋近于环境温度(与环境温度相差不大)。在无泄漏状态下,对应着不同机组运行参数以及管道结构参数,两测点理论计算温度各不相同,因此温升幅度法就是以第一测点的理论计算温度与该测点实际测量温度进行求差处理,通过该差值对阀门泄漏状态进行判别。

图 6.12 中,以 G_1 表示“渗漏”状态、G_2 表示“微漏”状态、G_3 表示“一般泄漏”状态、G_4 表示“严重泄漏”状态,且每种泄漏状态分别对应着两个测点的一定温度值和两点温差值。泄漏流量越大,两个温度测点的温度值增加,两点的温度差值减小,最后呈现缓慢的下降趋势。在有泄漏工况下,测点 1 的温度会

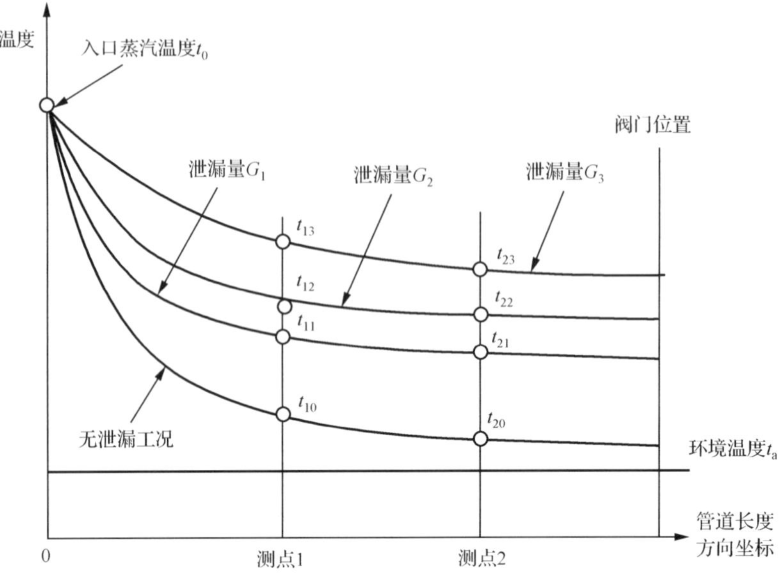

图 6.12 阀门泄漏与未漏时管壁温度沿管长分布

根据阀门泄漏量的大小而发生变化，即泄漏量越大，测点 1 温度也就相应越高。同时测点 2 温度也发生相应的变化，从工程实际角度出发，阀门有可能距离主蒸汽管道的距离 4m，这样便引入测点 2 温度，将其作为辅助测量，从而构建两点温差法。两点法的宗旨是：根据两个测点的温度值、两点之间的温度差值，来判定疏水关断阀是否存在泄漏，如果存在泄漏，则判断阀门处于何种泄漏状态。

2) 测点位置的确定

(1) 测点 1 的选取

在阀门无泄漏工况下，分析疏水管道温度理论计算数据与试验检测数据可知，在距离疏水管道入口 2～4m 处，其管壁温度与试验测量温度比较接近。同时发现，越靠近主蒸汽管道或其他输送蒸汽管道，管壁温度将会受到来自于蒸汽管道的高强度传热干扰，从而产生较大的误差。此外，根据试验数据与电厂疏水管道具体布置情况，一般疏水关断阀距疏水管道入口的距离大于 2m。在低泄漏状态下，泄漏蒸汽会发生相变，导致传热强度增大，进而影响测量结果的准确性，为了避免此种情况，根据电厂疏水管道布置情况以及测点 1 温度在不同泄漏量工况下的变化情况，可将第一测点位置选取距蒸汽入口 2m (±0.5m)处。综上所述，无论阀门有泄漏还是无泄漏，疏水管道上距离蒸汽主管道2m(±0.5m)的位置可作为第一测点。其对应的理论计算温度为 t_{l1}，其实际测量温度用符号 $\bar{t}_{l1}$。

(2) 测点2的选取

对于同一个疏水管道系统，所选取的测点2距离测点1的位置不同，测点1与测点2两点的温度差值与泄漏流量的关系见图6.13。分析图6.13可知，距离测点1位置1m处、距离测点1位置2m处、距离测点1位置3m处范围内的这三个位置，两测点温度差值随着泄漏量大小变化而发生不同程度的变化，在距离测点1位置3m处获得的两点温度差值变化最为明显。考虑到电厂疏水关断阀距主蒸汽管道的实际距离大小，因此选择距离测点1位置后2m(±0.5m)处位置作为测点2的安装位置。测点2的理论计算温度为 t_{l2}，实际测量温度用符号 $\bar{t}_{l2}$ 表示。

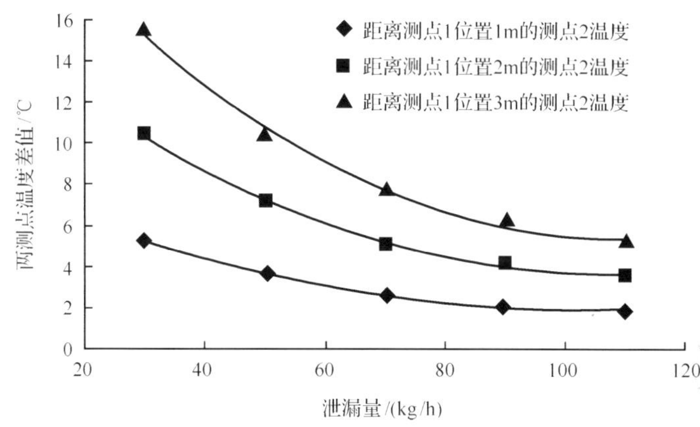

图6.13　在不同泄漏量工况下，不同测点位置与两测点温度差值的关系

3) 影响管壁温度分布特征的因素分析

由于管壁温度分布影响因素较多，下面采用单一变量方法进行分析。

(1) 测点1温度以及两测点温差随室内环境温度的变化关系

在阀门无泄漏状态下，测点1在不同室内环境温度下的温度分布见图6.14。由图6.14可知，室温对测点1的管壁温度影响不大，为了提高判断的准确性，建立管壁温度在不同室温下的修正公式：

$$t = k(t_a - 30) + b \tag{6.22}$$

式中，t_a 为实测环境温度，℃；t 为管壁校正温度，℃；k 为比例系数，取值范围依据蒸汽系统与管道结构参数而定。

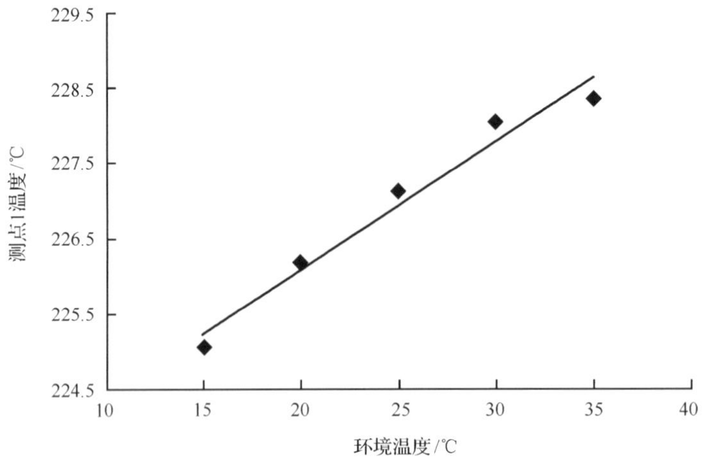

图 6.14　无泄漏工况下，室内环境温度对测点 1 温度的影响

在有泄漏状态下，汽机房室内温度的正常变化范围为 15～35℃，同一低泄漏量工况下，测点 1 温度最大变化值为 1.5℃，由此可知，室内环境温度的变化对测点 1 管壁温度影响不大(图 6.15)。

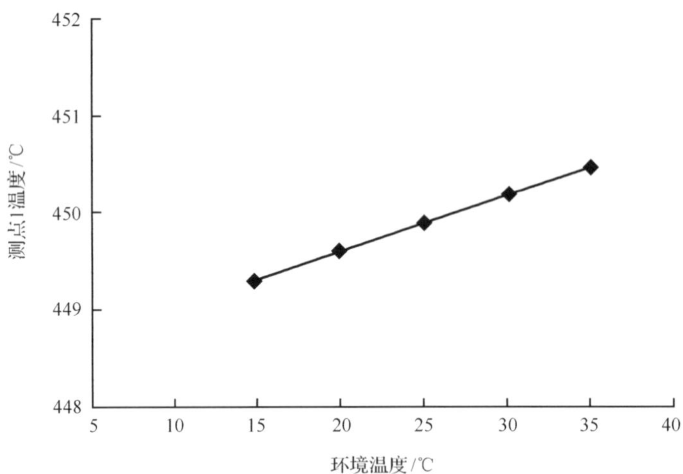

图 6.15　有泄漏工况下，环境室温对测点 1 温度的影响

(2) 测点 1 温度以及两测点管壁温度差值随管道结构参数的变化关系

在阀门无泄漏工况下，疏水管道内径和管壁厚度与测点 1 温度之间的关系见图 6.16。由图 6.16 可知，阀门无泄漏工况下，管道内径变化 10mm，测点 1 温度有十几度的变化，阀门未漏时管壁厚度变化 4mm，测点 1 温度变化 6℃

左右。由此可知，测点 1 温度受管壁内径与管壁厚度因素影响程度较大，且呈线性变化关系。

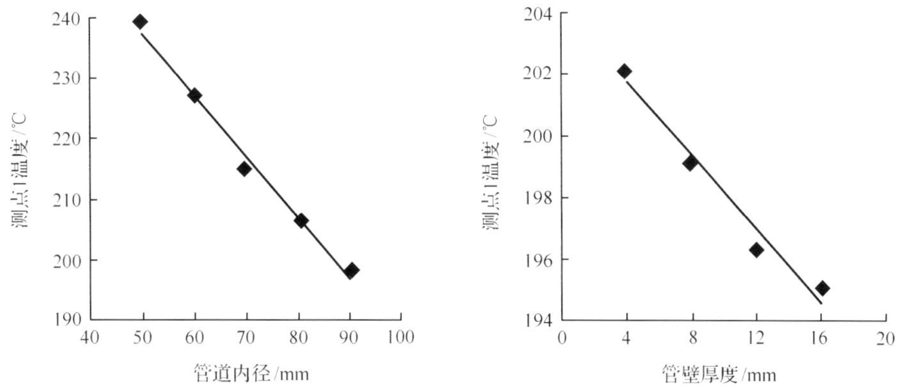

图 6.16　阀门未漏时，管道内径和管壁厚度与测点 1 温度关系

阀门在有泄漏工况下，测点 1 温度值和两测点温度差值与管道内径、管壁厚度以及保温层厚度之间关系见图 6.17 和图 6.18。其分别对应着测点 1 温度在不同泄漏状态下随影响变量的变化关系图。

对图 6.17～图 6.19 进行分析，可得出如下结论：测点 1 温度与管道内径、管壁厚度、保温层厚度的关系在阀门渗漏、微漏、一般泄漏状态下呈线性关系。两测点温度差值与管道内径、管壁厚度在阀门渗漏、微漏、一般泄漏状态下呈线性关系，两测点温度差值与保温层厚度在阀门渗漏、微漏状态下呈线性关系，两测点温度差值在阀门一般泄漏状态下呈二次曲线关系。

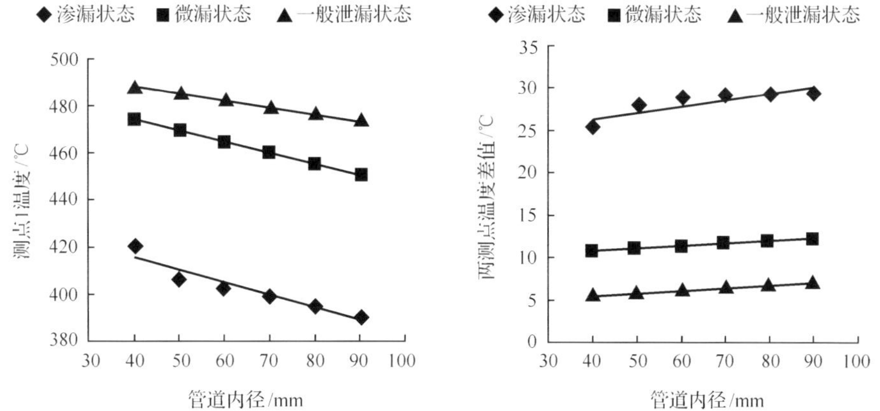

图 6.17　测点 1 温度和两测点温度差值与管道内径的变化关系

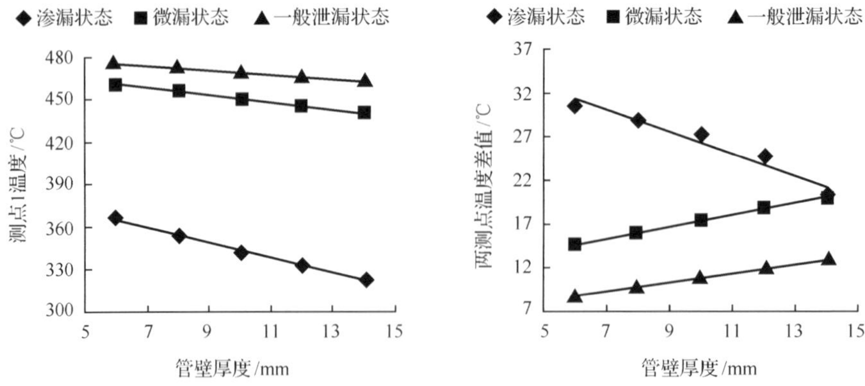

图 6.18　测点 1 温度和两测点温度差值与管壁厚度的变化关系

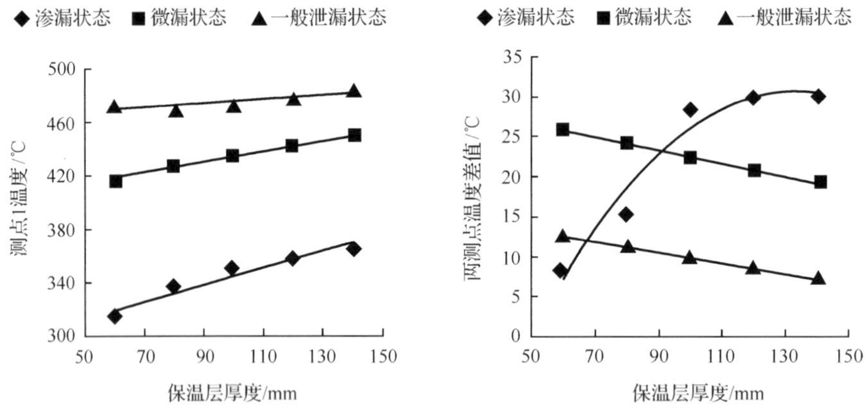

图 6.19　测点 1 温度和两测点温度差值与保温层厚度的变化关系

(3) 测点 1 温度以及两测点管壁温度差值随蒸汽参数的变化关系

由于火电机组工况的变动会引起蒸汽参数的变化，所以进入疏水管道的蒸汽参数并不是维持不变的。图 6.20 为测点 1 管壁温度与两测点温度差值随蒸汽温度的变化关系，近似呈一次线性变化关系。

机组在不同负荷工况下运行时，蒸汽压力也发生变化。因此，疏水系统的入口蒸汽压力是随工况变化的。图 6.21 是不同入口压力下，疏水管道测点 1 管壁温度与两测点管壁温度差值随蒸汽压力的变化关系。分析可知，测点 1 管壁温度随着蒸汽压力升高而增大，近似呈线性变化关系。两测点管壁温度差值随着蒸汽压力升高而降低，近似呈线性变化关系。

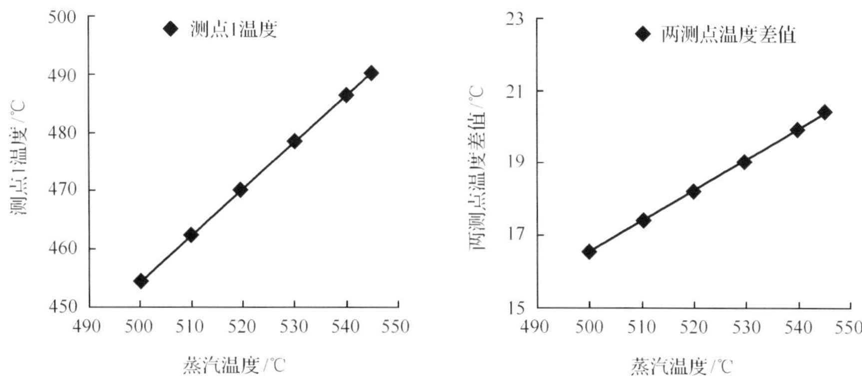

图 6.20　测点 1 温度与两测点温度差值随泄漏蒸汽温度的变化关系

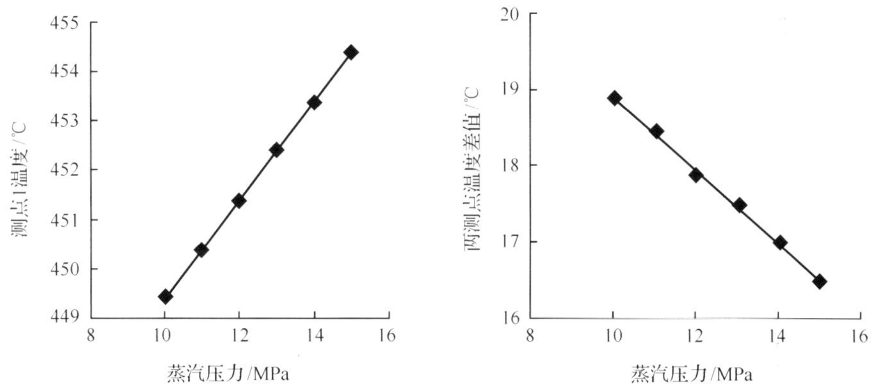

图 6.21　测点 1 温度与两测点温度差值随泄漏蒸汽压力的变化关系

(4) 测点 1 温度以及两测点管壁温度差值随泄漏量变化关系

分析图 6.22 可以发现，测点 1 温度随着泄漏量的增大而增大，在渗漏与一般泄漏状态下，测点 1 温度与泄漏量呈线性关系；在微漏状态下，测点 1 温度与泄漏量呈二次曲线关系。两测点温度差值随着泄漏的增大而增大，在渗漏与一般泄漏状态下，两测点温度差值与泄漏量呈线性关系；在微漏状态下，两测点温度差值与泄漏量呈二次曲线关系。

6.3.3　基于管壁温度特征诊断阀门泄漏的基本方法

1) 阀门泄漏定性判断

通过对阀门无泄漏工况下管壁温度分布以及影响因素分析，为了方便电

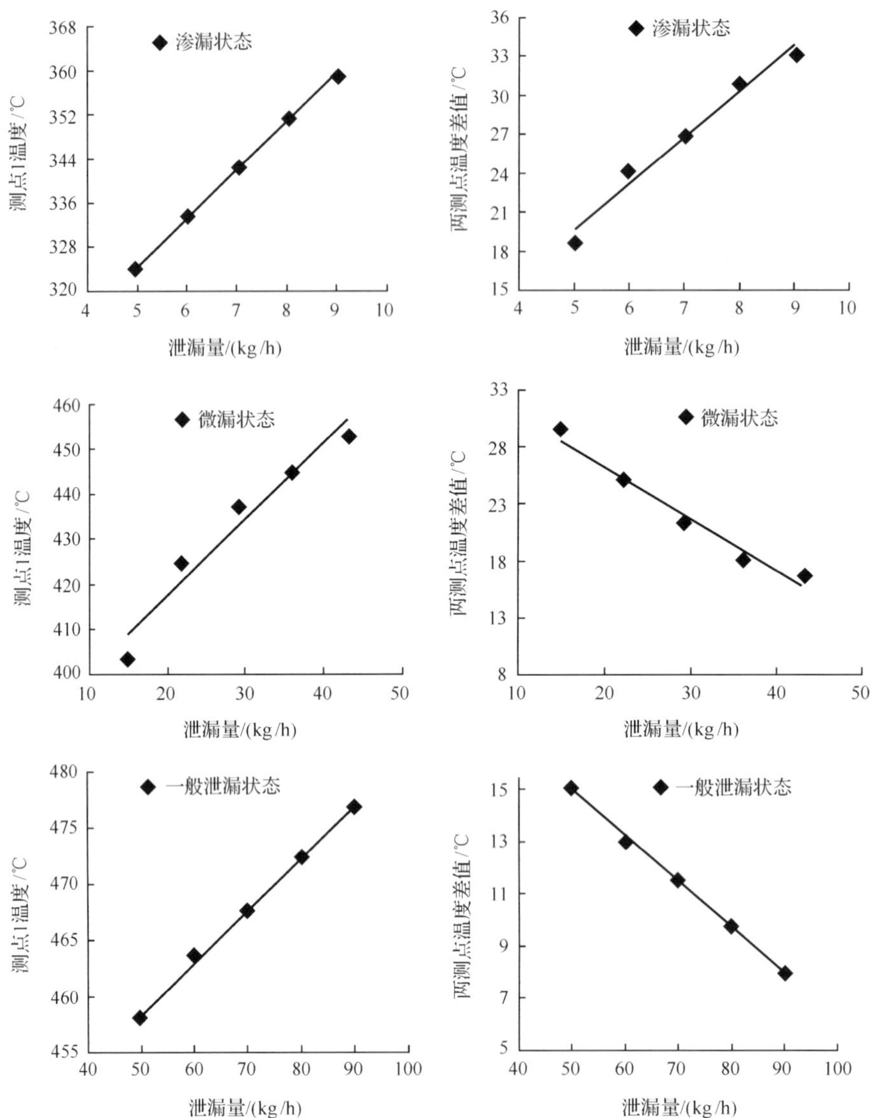

图 6.22　在不同泄漏状态下测点 1 温度与两测点温度差值随泄漏量的变化关系

厂实时诊断，下面建立阀门无泄漏状态下测点 1 理论计算管壁温度拟合公式，称阀门无泄漏时测点 1 管壁温度为第一阈值，用符号 $t_{l1\text{-}cr1}$，由于本书以泄漏蒸汽的入口温度划分区间，所以第一阈值将会有四个拟合公式[9]，至于采用哪个拟合公式，取决于泄漏蒸汽入口温度所在的区间位置。式(6.23)为其拟合

公式的集合，即

$$t_{l1\text{-}cr1}=\begin{cases}x_1'P+x_2'T+x_3'H_{gb}+x_4'H_{bw}+x_5'D, & T>500\\ x_{11}'P+x_{21}'T+x_{31}'H_{gb}+x_{41}'H_{bw}+x_{51}'D, & 400<T\leqslant 500\\ x_{11}'P+x_{21}'T+x_{31}'H_{gb}+x_{41}'H_{bw}+x_{51}'D, & 300<T\leqslant 400\\ x_{11}'P+x_{21}'T+x_{31}'H_{gb}+x_{41}'H_{bw}+x_{51}'D, & 150<T\leqslant 300\end{cases}\tag{6.23}$$

式中，P 为进入疏水管道的泄漏蒸汽压力，MPa；T 为进入疏水管道的泄漏蒸汽温度，℃；H_{gb}为疏水管道的管壁厚度，mm；H_{bw}为疏水管道的保温层厚度，mm；D 为疏水管道的内径，mm。

Δt_1 表示测点 1 的实际测量值与第一阈值的差值，计算表达式为：$\Delta t_1=\bar{t}_{l1}-t_{l1\text{-}cr1}$，相应利用测点 1 的实际测量值与第一阈值的差值进行阀门泄漏定性判断，如表 6.2 所示。

表 6.2　利用测点 1 的实际测量值与第一阈值的差值进行阀门泄漏定性判断

压力/MPa	温度/℃	无泄漏	有泄漏
$p<p_{cr}$	>500	$\Delta t_1\leqslant 10$	$\Delta t_1>10$
$p<p_{cr}$	400～500	$\Delta t_1\leqslant 8$	$\Delta t_1>8$
$p<p_{cr}$	300～400	$\Delta t_1\leqslant 6$	$\Delta t_1>6$
$p<p_{cr}$	150～300	$\Delta t_1\leqslant 3$	$\Delta t_1>3$

同时，用 $\Delta t_{1\text{-}2}$表示测点 1 的实际测量值与测点 2 的实际测量值的差值，计算表达式为 $\Delta t_{1\text{-}2}=\bar{t}_{l1}-\bar{t}_{l2}$，利用测点 1 与测点 2 实际差值进行阀门泄漏定性判断准则，如表 6.3 所示。

表 6.3　利用测点 1 与测点 2 实际差值进行阀门泄漏定性判断

入口蒸汽温度/℃	判断准则	
	无泄漏	有泄漏
>550	$\Delta t_{1\text{-}2}\geqslant 22$℃	$\Delta t_{1\text{-}2}<22$℃
500～550	$\Delta t_{1\text{-}2}\geqslant 20$℃	$\Delta t_{1\text{-}2}<20$℃
400～500	$\Delta t_{1\text{-}2}\geqslant 18$℃	$\Delta t_{1\text{-}2}<18$℃
300～400	$\Delta t_{1\text{-}2}\geqslant 16$℃	$\Delta t_{1\text{-}2}<16$℃
150～300	$\Delta t_{1\text{-}2}\geqslant 14$℃	$\Delta t_{1\text{-}2}<14$℃

2）阀门泄漏定量判断

（1）阀门泄漏等级判断

温升诊断法：利用阀门泄漏定性判断标准可以判断阀门是否发生泄漏，仅是完成阀门泄漏检测判断的第一步，接下来需要对阀门泄漏状态以及泄漏量进行诊断。本书以阀门泄漏等级的定义作为划分点，分别建立测点 1 温度在不同泄漏量下的理论计算拟合公式，该计算公式主要用来确定阀门在不同泄漏状态下的阀值，由于该拟合公式依据蒸汽参数而划分，所以需建立四个拟合公式。

① 当 $G \leqslant 10\mathrm{kg/h}$ 时，有

$$t_{11} = \begin{cases} x''_{11}P + x''_{21}T + x''_{31}H_{\mathrm{gb}} + x''_{41}H_{\mathrm{bw}} + x''_{51}D + x''_{61}G, & T > 500 \\ x''_{12}P + x''_{22}T + x''_{32}H_{\mathrm{gb}} + x''_{42}H_{\mathrm{bw}} + x''_{52}D + x''_{62}G, & 400 \leqslant T < 500 \\ x''_{13}P + x''_{23}T + x''_{33}H_{\mathrm{gb}} + x''_{43}H_{\mathrm{bw}} + x''_{53}D + x''_{63}G, & 300 \leqslant T < 400 \\ x''_{14}P + x''_{24}T + x''_{34}H_{\mathrm{gb}} + x''_{44}H_{\mathrm{bw}} + x''_{54}D + x''_{64}G, & 150 \leqslant T < 300 \end{cases} \tag{6.24}$$

② 当 $10\mathrm{kg/h} < G \leqslant 50\mathrm{kg/h}$ 时，有

$$t_{11} = \begin{cases} x'''_{11}P + x'''_{21}T + x'''_{31}H_{\mathrm{gb}} + x'''_{41}H_{\mathrm{bw}} + x'''_{51}D + x'''_{61}G + x'''_{71}G^2, & T > 500 \\ x'''_{12}P + x'''_{22}T + x'''_{32}H_{\mathrm{gb}} + x'''_{42}H_{\mathrm{bw}} + x'''_{52}D + x'''_{62}G + x'''_{72}G^2, & 400 \leqslant T < 500 \\ x'''_{13}P + x'''_{23}T + x'''_{33}H_{\mathrm{gb}} ++ x'''_{43}H_{\mathrm{bw}} + x'''_{53}D + x'''_{63}G + x'''_{73}G^2, & 300 \leqslant T < 400 \\ x'''_{14}P + x'''_{24}T + x'''_{34}H_{\mathrm{gb}} + x'''_{44}H_{\mathrm{bw}} + x'''_{54}D + x'''_{64}G + x'''_{74}G^2, & 150 \leqslant T < 300 \end{cases} \tag{6.25}$$

③ 当 $50\mathrm{kg/h} < G < 100\mathrm{kg/h}$ 时，有

$$t_{11} = \begin{cases} x''''_{11}P + x''''_{21}T + x''''_{31}H_{\mathrm{bw}} + x''''_{41}D + x'''_{51}G, & T > 500 \\ x''''_{12}P + x''''_{22}T + x''''_{32}H_{\mathrm{bw}} + x''''_{42}D + x'''_{52}G, & 500 \leqslant T < 400 \\ x''''_{13}P + x''''_{23}T + x''''_{33}H_{\mathrm{bw}} + x''''_{43}D + x'''_{53}G, & 300 \leqslant T < 400 \\ x''''_{14}P + x''''_{24}T + x''''_{34}H_{\mathrm{bw}} + x''''_{44}D + x'''_{54}G, & 150 \leqslant T < 300 \end{cases} \tag{6.26}$$

由于在诊断阀门泄漏等级时，引入测点 2 温度，所以建立了测点 1 与测点 2 的温度差值，用来辅助阀门泄漏等级以及阀门泄漏量的判断。故需要拟合测点 2 在不同泄漏状态下的公式。

① 当 $G \leqslant 10\text{kg/h}$ 时，有

$$t_{l2}=\begin{cases}\beta'_{11}P+\beta'_{21}T+\beta'_{31}H_{\text{gb}}+\beta'_{41}H_{\text{bw}}+\beta'_{51}D+\beta'_{61}G, & T>500\\ \beta'_{12}P+\beta'_{22}T+\beta'_{32}H_{\text{gb}}+\beta'_{42}H_{\text{bw}}+\beta'_{52}D+\beta'_{62}G, & 400\leqslant T<500\\ \beta'_{13}P+\beta'_{23}T+\beta'_{33}H_{\text{gb}}+\beta'_{43}H_{\text{bw}}+\beta'_{53}D+\beta'_{63}G, & 300\leqslant T<400\\ \beta'_{14}P+\beta'_{24}T+\beta'_{34}H_{\text{gb}}+\beta'_{44}H_{\text{bw}}+\beta'_{54}D+\beta'_{64}G, & 150\leqslant T<300\end{cases} \tag{6.27}$$

② 当 $10\text{kg/h}<G\leqslant 50\text{kg/h}$ 时，有

$$t_{l2}=\begin{cases}\beta''_{11}P+\beta''_{21}T+\beta''_{31}H_{\text{gb}}+\beta''_{41}H_{\text{bw}}+\beta''_{51}D+\beta''_{61}G+\beta''_{71}G^2, & T>500\\ \beta''_{12}P+\beta''_{22}T+\beta''_{31}H_{\text{gb}}+\beta''_{42}H_{\text{bw}}+\beta''_{52}D+\beta''_{62}G+\beta''_{72}G^2, & 400\leqslant T<500\\ \beta''_{13}P+\beta''_{23}T+\beta''_{33}H_{\text{gb}}+\beta''_{43}H_{\text{bw}}+\beta''_{53}D+\beta''_{63}G+\beta''_{73}G^2, & 300\leqslant T<400\\ \beta''_{14}P+\beta''_{24}T+\beta''_{34}H_{\text{gb}}+\beta''_{44}H_{\text{bw}}+\beta''_{54}D+\beta''_{64}G+\beta''_{74}G^2, & 150\leqslant T<300\end{cases} \tag{6.28}$$

③ 当 $50\text{kg/h}<G<100\text{kg/h}$ 时，有

$$t_{l2}=\begin{cases}\beta'''_{11}P+\beta'''_{21}T+\beta'''_{31}H_{\text{bw}}+\beta'''_{41}D+\beta''_{51}G, & T>500\\ \beta'''_{12}P+\beta'''_{22}T+\beta'''_{32}H_{\text{bw}}+\beta'''_{42}D+\beta''_{52}G, & 500\leqslant T<400\\ \beta'''_{13}P+\beta'''_{23}T+\beta'''_{33}H_{\text{bw}}+\beta'''_{43}D+\beta''_{53}G, & 300\leqslant T<400\\ \beta'''_{14}P+\beta'''_{24}T+\beta'''_{34}H_{\text{bw}}+\beta'''_{44}D+\beta''_{54}G, & 150\leqslant T<300\end{cases} \tag{6.29}$$

式中，x、β 为拟合系数。

以测点 1 实际测量温度与测点 1 阀门无泄漏时理论计算管壁温度的差值作为阀门泄漏等级的判断，即用 $\Delta t_1=\bar{t}_{l1}-t_{l1\text{-cr1}}$ 作为判断依据。为了提高判断的准确性和可靠性，引入两点温差法，即计算指标 $\Delta t_{1\text{-}2}=\bar{t}_{l1}-\bar{t}_{l2}$，然后以这两个指标作为阀门泄漏等级的判断依据。以蒸汽参数（$P<P_{\text{cr}}$，$T>500$℃）为例，建立阀门泄漏等级判断标准，如表 6.4 所示。

（2）阀门泄漏量的定量计算

在通过温升诊断法与两点温差法实现阀门泄漏等级判断之后，需要对阀门泄漏量进行定量诊断与分析。由于现场已经采集到测点 1 的管壁实际温度，以及计算出阀门无泄漏工况下测点 1 管壁温度，将测点 1 管壁温度代入对

表 6.4　基于两点温差法的阀门泄漏等级判断标准

介质参数		泄漏等级		
压力/MPa	温度/℃	渗漏	微漏	一般泄漏
$P<P_{cr}$	>500	$\Delta t_1 \leqslant t_{l1\text{-}cr2}-t_{l1\text{-}cr1}$ $\Delta t_{1\text{-}2} \geqslant \Delta t_{l1\text{-}cr2}-\Delta t_{l2\text{-}cr2}$	$t_{l1\text{-}cr2}-t_{l1\text{-}cr1}<\Delta t_1 \leqslant t_{l1\text{-}cr3}-t_{l1\text{-}cr2}$ $t_{l1\text{-}cr3}-t_{l2\text{-}cr3} \leqslant \Delta t_{1\text{-}2}<t_{l1\text{-}cr2}-t_{l2\text{-}cr2}$	$\Delta t_1>t_{l1\text{-}cr3}-t_{l2\text{-}cr2}$ $\Delta t_{1\text{-}2}<t_{l1\text{-}cr3}-t_{l2\text{-}cr3}$

应的阀门泄漏等级拟合公式中，通过反推该公式就可获知阀门泄漏量。在现场检测条件许可前提下，可将测点 2 的管壁温度采集，构建两测点温差，建立两测点温差等同于测点 1 与测点 2 两个拟合公式相减的等式，这样通过反推该公式便可获取阀门泄漏量。

6.4　现场试验及测试

6.4.1　试验对象

火电厂蒸汽疏水系统关断阀内漏故障模拟及管壁温度检测现场试验对象为大唐华银金竹山电厂的 600MW 机组主蒸汽疏水系统，包括亚临界机组(＃1机组)和超临界机组(＃3 机组)的主蒸汽疏水阀及其疏水管道系统。试验时间:2014 年 7 月～2014 年 10 月。

由于篇幅限制，下面只对＃1 机组的试验方案、试验过程和试验结果进行陈述。

6.4.2　试验系统

＃1 机组现场试验系统如图 6.23 所示。图中分别标明了被诊断阀门(阀 3)、孔板流量计、气动阀门(阀 2)、试验疏水管道以及热电偶传感器等。图 6.24为该试验系统的平面结构简图，图中阀 1(电动阀)、阀 2(电动阀)、阀 3(手动阀)在正常运行情况下都处于关闭状态。据电厂工程技术人员介绍，由于阀 2、阀 3 密封面严密性不够好，即存在泄漏，为了保障机组运行安全，将上述三个阀门都关闭，才能确保整个疏水管道系统不发生泄漏。所以，图 6.24 中阀 1(电动阀)、阀 2(电动阀)、阀 3(手动阀)都处于关闭状态。其中，阀 1 起保护作用，阀 2 截断整个疏水管道的流场，阀 3 起紧急安全保护作用。在整个试验器材安装过程中，电厂从安全运行角度上考虑，只允许将孔板流量计安装在阀 2 与阀 3 之间。管道尺寸为 Φ89mm×12mm，保温层厚度为 125mm，保温材料为硅酸铝针刺毯。

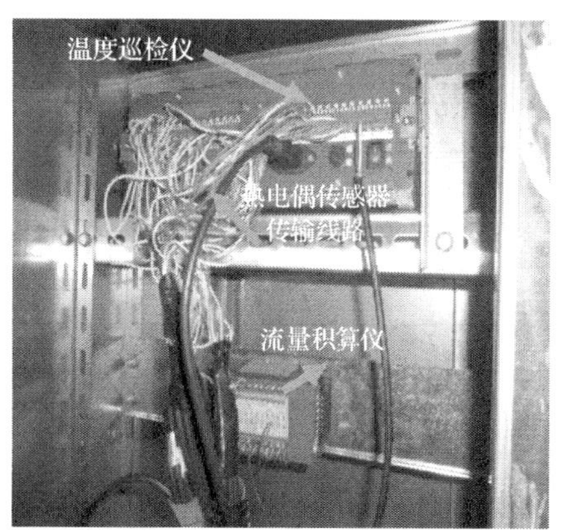

图 6.23 ＃1机组主蒸汽疏水阀泄漏故障模拟现场试验系统照片

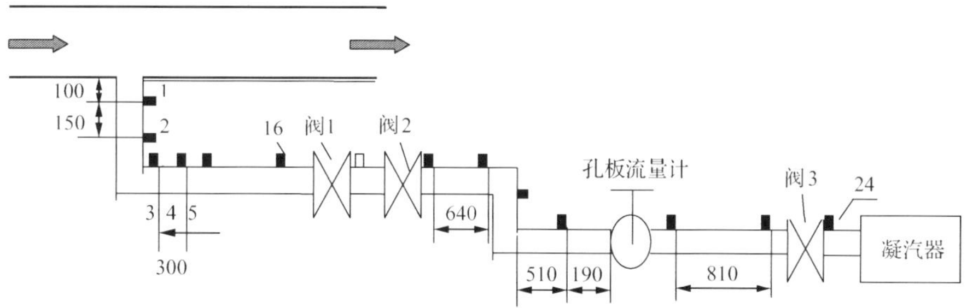

图 6.24 ＃1机组主蒸汽疏水阀门内漏故障现场检测系统平面简图

试验系统中,温度传感器安装的位置坐标分布见表 6.5。试验用仪器设备清单见表 6.6。

表 6.5 ♯1 机组试验系统传感器安装位置(从主蒸汽管道表面到测点的距离)

传感器编号	距主蒸汽管道距离/mm	传感器编号	距主蒸汽管道距离/mm
1	100	9	2440
2	250	10	2740
3	640	11	3040
4	940	12	3340
5	1240	13	3640
6	1540	14	3940
7	1840	15	4240
8	2140	16	4840

表 6.6 现场试验仪器设备清单

序号	名称	型号规格	数量	单位
1	卡箍式温度变送器	VIVO4011K(0-800),卡箍式温度变送器,K 型热电偶,DN50 管径适用,量程 0～800℃,误差 0.5%FS,供电 24V DC,输出 4～20mA,就地显示	50	支
2	32 路巡检仪	KSL/A-32K,32 路模拟量信号输入,RS485 接口,供电 220V AC	2	台
3	孔板流量计	VKBG50AT,焊接式孔板,材质 12Cr1MoV,DN50,0.2～2t/h,1.0%FS,PN32,耐度 750℃,24V DC,含冷凝器,差压变送器(EJA 品牌)及其附件,带温压补偿功能,流量积算仪	2	台
4	补偿导线	KF2×0.5	300	米

6.4.3 试验过程

1) 阀门无漏状态测试过程

首先,将疏水系统的三个阀门全部关闭,确保疏水系统无工质泄漏,待工况处于稳定状态时(1min 内,各测点温度的变动值在 1℃以内)记录疏水管道入口蒸汽参数和各温度测点的温度值(对每个测点在 1min 内测量 3 次,以 3 次测量值的算术平均值为该点的实际温度值)。

其次,分别将阀 1、阀 2 全部打开,阀 3 依旧关闭(此种状态维持 3 小时以内),尽量保持机组运行负荷不变,这样就可以使进入疏水管道内的蒸汽参数在小范围内波动。然后待系统参数处于稳态工况(1min 内,各测点温度的变动值在 1℃以内),记录各温度测点的温度值。

2) 阀门有泄漏状态测试过程

调节阀 3 的开度(稍微旋开一点),将疏水阀门旋柄的旋转一圈分为 8 弧段,每旋转一个弧段,分别检测疏水管道的蒸汽参数、流量计差压变送器的读数、分别记录各温度测点的读数。

6.4.4　无泄漏工况下试验与理论数据分析

1) 无泄漏工况一:主蒸汽压力 $P=15\text{MPa}$,主蒸汽温度 $T=540℃$

图 6.25 为该试验工况下,疏水管道管壁温度的理论计算值(分别用纯导热计算法和微小泄漏量法进行计算)和检测值随管道长度方向的分布规律。采用最小二乘法拟合出试验数据方程为

$$y=-2.523x^5+33.32x^4-164.02x^3+373.4x^2-415.5x+523.2 \tag{6.30}$$

式中,x 为距主蒸汽管道的距离,m;y 为管壁温度,℃。

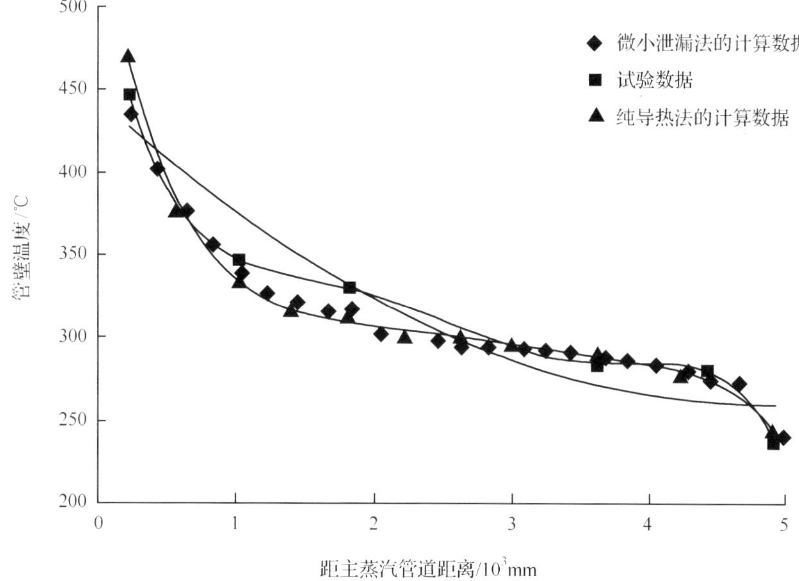

图 6.25　无漏状态(工况一)下,疏水管道温度试验数据与理论计算数据对比图

分析试验数据发现，在疏水管道长度方向 3～4.5m 处，管壁温度近似呈线性下降，平均单位管长(每米管长)的温度下降值为 10℃。

通过理论计算发现，管道长度位置 2～4m 范围内管壁温度基本为直线下降。采用最小二乘法拟合公式为

$$y=-1.5x^5+21.482x^4-120.009x^3+326.007x^2-441.627x+551.094 \tag{6.31}$$

式中，x 为距主蒸汽管道的距离，m；y 为管壁温度，℃。

为了获知单位长度疏水管道管壁降低多少温度，设 x_2 和 x_4 分别表示 2m 和 4m 的位置坐标，其对应位置的管壁温度分别用 y_2 和 y_4 来表示，则单位管道长度的温度降低计算公式为

$$\bar{y}=\frac{y_2-y_4}{x_4-x_2} \tag{6.32}$$

式中，$\bar{y}$ 为单位长度管道上的温度降低值，℃/m。

若设 y_0 为主蒸汽管道中的蒸汽温度，则试验检测指标与理论计算指标如下。

(1) 试验检测指标为

$$y_0-y_2'=232.5℃$$
$$y_0-y_4'=256.5℃$$
$$y_2'-y_4'=24.0℃$$
$$\bar{y}'=12.0℃/\mathrm{m}$$

(2) 理论计算指标为

$$y_0-y_2=238.6℃$$
$$y_0-y_4=260.2℃$$
$$y_2-y_4=-21.6℃$$
$$\bar{y}=10.8℃/\mathrm{m}$$

上述指标中，上标“′”表示试验检测得到的指标。

2) 无泄漏工况二：主蒸汽压力 $P=11.83\mathrm{MPa}$，主蒸汽温度 $T=500℃$

图 6.26 为该试验工况下，疏水管道管壁温度的理论计算值和检测值随管道长度方向的分布规律。通过最小二乘法拟合出试验检测数据方程为

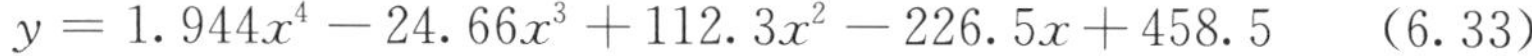

$$y = 1.944x^4 - 24.66x^3 + 112.3x^2 - 226.5x + 458.5 \tag{6.33}$$

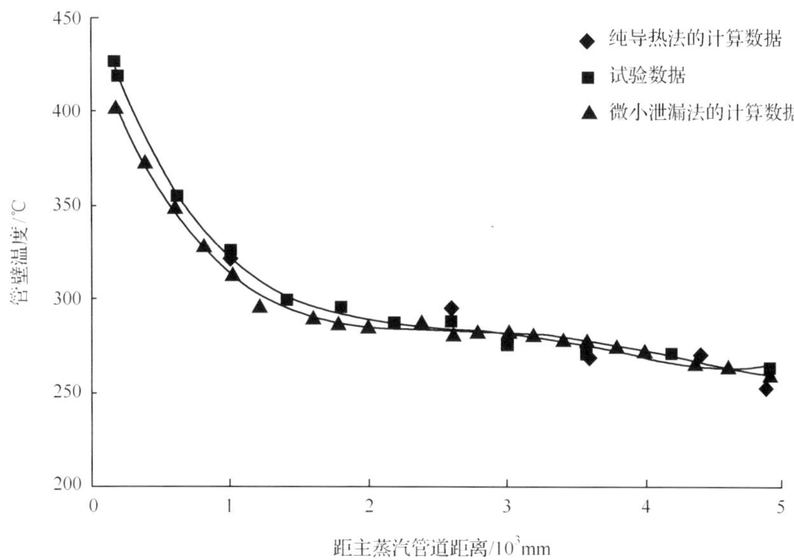

图 6.26　无漏状态(工况二)下,疏水管道温度试验数据与理论计算数据对比图

通过理论计算发现,2～4m 管壁温度基本呈直线下降,采用最小二乘法对理论计算数据进行拟合,得到

$$y = 1.569x^4 - 21.12x^3 + 100.1x^2 - 204.5x + 437.2 \tag{6.34}$$

参照前述方法,获得的试验检测指标与理论计算指标如下。

(1) 试验检测指标为

$$y_0 - y'_2 = 215.3℃$$
$$y_0 - y'_4 = 229.2℃$$
$$y'_2 - y'_4 = 19.8℃$$
$$\bar{y}' = 9.9℃/m$$

(2) 理论计算指标为

$$y_0 - y_2 = 211.5℃$$
$$y_0 - y_4 = -231.3℃$$
$$y_2 - y_4 = 14.0℃$$
$$\bar{y} = 7.0℃/m$$

6.4.5 有泄漏工况下试验数据分析

1) 主蒸汽参数工况一：主蒸汽压力 P=13.8MPa，主蒸汽温度 T=542.5℃

图 6.27～图 6.30 为主蒸汽压力 P=13.8MPa、主蒸汽温度 T=542.5℃时，不同泄漏流量下疏水管道管壁温度试验测试数据。

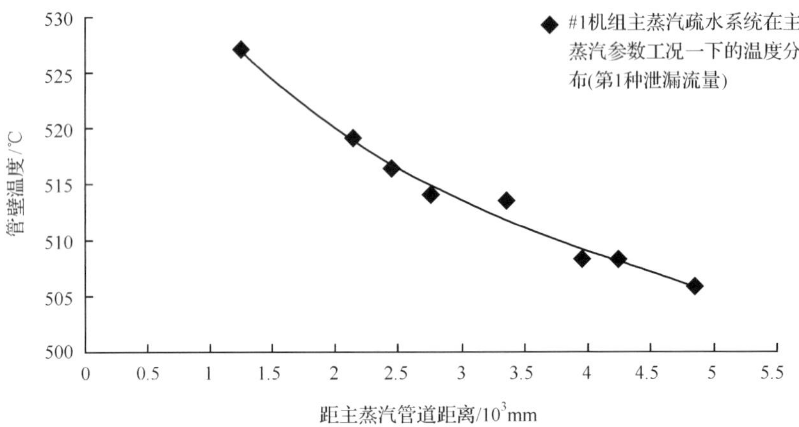

图 6.27 ＃1 机组主蒸汽疏水系统在主蒸汽参数工况一下的温度分布(第 1 种泄漏流量)

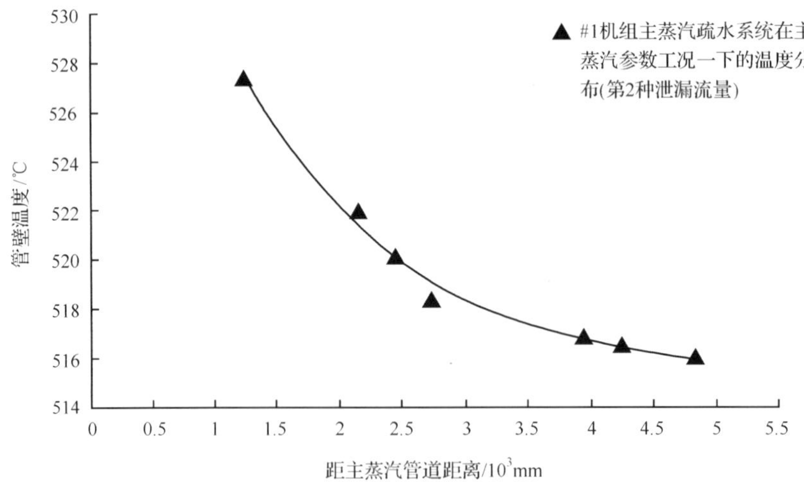

图 6.28 ＃1 机组主蒸汽疏水系统在主蒸汽参数工况一下的温度分布(第 2 种泄漏流量)

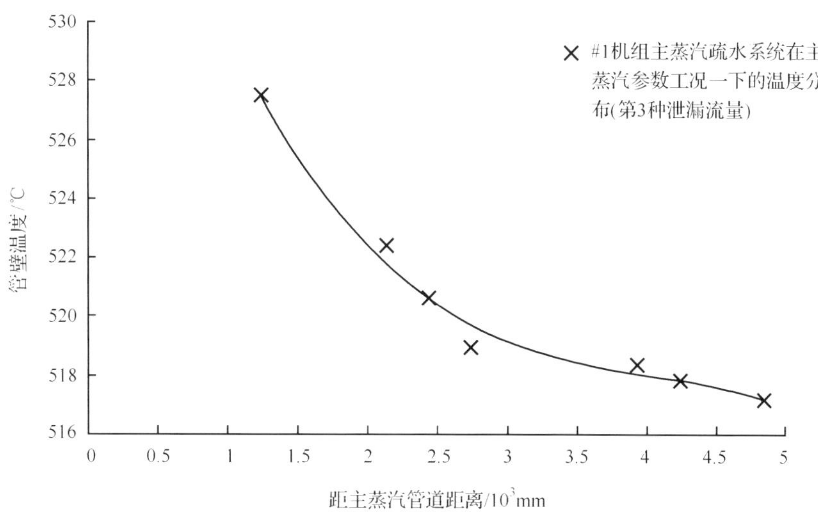

图 6.29　♯1 机组主蒸汽疏水系统在主蒸汽参数工况一下的温度分布(第 3 种泄漏流量)

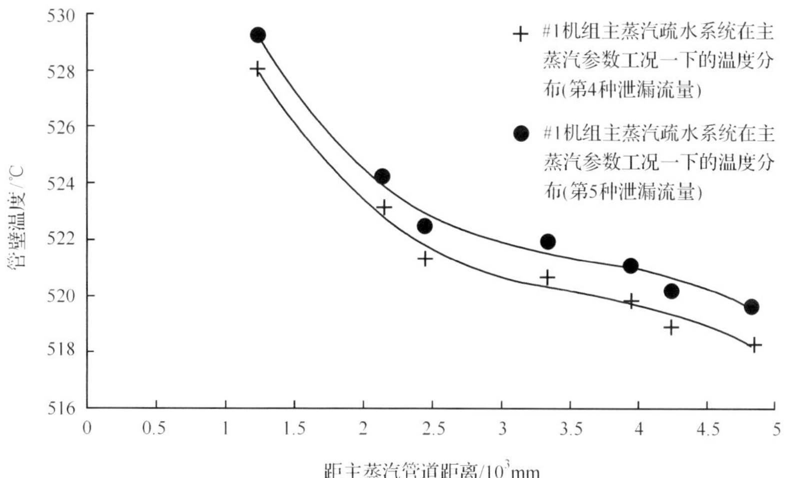

图 6.30　♯1 机组主蒸汽疏水系统在主蒸汽参数工况一下的温度分布
(第 4、5 种泄漏流量)

(1) 第 1 种泄漏流量下的疏水管道温度分布曲线描述方程为

$$y = -0.246x^3 + 3.216x^2 - 17.85x + 544.7 \tag{6.35}$$

试验检测指标为

$$y_0 - y_2' = 23.3℃$$
$$y_0 - y_4' = 34.2℃$$
$$y_2' - y_4' = 10.9℃$$
$$\bar{y}' = 5.5℃/m$$
$$Q' = 30kg/h(Q' \text{为阀门泄漏量})$$

理论与试验差值指标为

$$y_2 - y_2' = 1.3℃$$
$$y_4 - y_4' = 1.0℃$$

(2) 第 2 种泄漏流量下的疏水管道温度分布曲线描述方程为

$$y = -0.268x^3 + 3.519x^2 - 16.32x + 542.8 \quad (6.36)$$

试验检测指标为

$$y_0 - y_2' = 20.5℃$$
$$y_0 - y_4' = 25.6℃$$
$$y_2' - y_4' = 5.1℃$$
$$\bar{y}' = 2.6℃/m$$
$$Q' = 58kg/h(Q' \text{为阀门泄漏量})$$

理论与试验差值指标为

$$y_2 - y_2' = 1℃$$
$$y_4 - y_4' = 0.2℃$$

(3) 第 3 种泄漏流量下的疏水管道温度分布曲线描述方程为

$$y = -0.335x^3 + 4.064x^2 - 17.19x + 543.2 \quad (6.37)$$

试验检测指标为

$$y_0 - y_2' = 20.1℃$$
$$y_0 - y_4' = 24.1℃$$
$$y_2' - y_4' = -4℃$$
$$\bar{y}' = 2℃/m$$
$$Q' = 73kg/h(Q' \text{为阀门泄漏量})$$

理论与试验差值指标为

$$y_2 - y_2' = 1.4℃$$
$$y_4 - y_4' = 2.1℃$$

（4）第 4 种泄漏流量下的疏水管道温度分布曲线描述方程为

$$y = -0.41x^3 + 4.497x^2 - 17.36x + 543.4 \tag{6.38}$$

试验检测指标为

$$y_0 - y_2' = 19.4℃$$
$$y_0 - y_4' = 22.7℃$$
$$y_2' - y_4' = 3.3℃$$
$$\bar{y}' = 1.7℃/\text{m}$$
$$Q' = 80\text{kg/h}（Q' 为阀门泄漏量）$$

理论与试验差值指标为

$$y_2 - y_2' = 0.9℃$$
$$y_4 - y_4' = 5.3℃$$

（5）第 5 种泄漏流量下的疏水管道温度分布曲线描述方程为

$$y = -0.431x^3 + 4.709x^2 - 17.95x + 545 \tag{6.39}$$

试验检测指标为

$$y_0 - y_2' = 18.3℃$$
$$y_0 - y_4' = 21.4℃$$
$$y_2' - y_4' = 3.1℃$$
$$\bar{y}' = 1.6℃/\text{m}$$
$$Q' = 85\text{kg/h}（Q' 为阀门泄漏量）$$

理论与试验差值指标为

$$y_2 - y_2' = 0.7℃$$
$$y_4 - y_4' = 2.1℃$$

（6）主要结论

通过对上述试验数据以及拟合公式分析，发现如下规律。

① 疏水管道温度沿长度方向的分布近似为三次曲线。

② 泄漏流量越小，管壁温度沿长度方向下降速率（长度方向的温度梯度）

越大;泄漏流量越大,管壁温度沿长度方向的下降速率(温度梯度)越小。管长0m和2m位置处的管壁温度差值,与泄漏流量成反比变化:无泄漏工况下差值大于200℃,泄漏流量为30kg/h时差值迅速降至23.3℃,泄漏流量为85kg/h时差值降至18.3℃。

③ 管长2m和4m位置处的管壁温度差值,与泄漏流量成反比变化:无泄漏工况下差值在20~24℃,泄漏流量为30kg/h时差值为10.9℃,泄漏流量为85kg/h时差值为3.1℃。

存在上述规律的原因为:当泄漏流量很小(接近于0kg/h)时,此时疏水管道内的工质(蒸汽、汽-水混合物、水)可看成闭口系,疏水管内的工质能充分与环境进行热交换,从而工质的内能降低导致温度逐步降低,只要管道足够长,将会使管壁温度接近环境温度。当泄漏流量较大时,这就意味着管内工质流速大,这时疏水管道是典型的开口系,工质与管道来不及充分热交换就从疏水阀门中流出,因此工质在达到阀门前仍保持很高的温度,所以单位长度管道的温度降低很小,疏水管道管壁温度分布基本上呈现一条水平线,泄漏流量越大,疏水管道管壁温度分布曲线越接近水平。为了方便查阅,将上述数据整理汇总后列入表6.7中。

表6.7 试验与理论计算检测指标对比

序号	Q'	y_0-y_2'	y_0-y_4'	$y_2'-y_4'$	$\bar{y}'$	y_2-y_2'	y_4-y_4'
1	30kg/h	23.3℃	34.2℃	10.9℃	5.5℃	−1.3℃	1.0℃
2	58kg/h	20.5℃	25.6℃	5.1℃	2.6℃	1℃	−0.2℃
3	73kg/h	20.1℃	24.1℃	4℃	2℃	1.4℃	−2.1℃
4	80kg/h	19.4℃	22.7℃	3.3℃	1.7℃	0.9℃	−5.3℃
5	85kg/h	18.3℃	21.4℃	3.1℃	1.6℃	0.7℃	−2.1℃

2) 主蒸汽参数工况二:主蒸汽压力P=12.8MPa,主蒸汽温度T=540.2℃

图6.31~图6.34为#1机组在主蒸汽压力P=12.8MPa、主蒸汽温度T=540.2℃时,疏水阀门不同泄漏流量下疏水管道管壁温度试验测试数据。

(1) 第1种泄漏流量下的疏水管道温度分布曲线描述方程为

$$y=-0.022x^3+0.345x^2-9.105x+515 \tag{6.40}$$

试验检测指标为

$$y_0-y_2'=41.4℃$$
$$y_0-y_4'=54.7℃$$

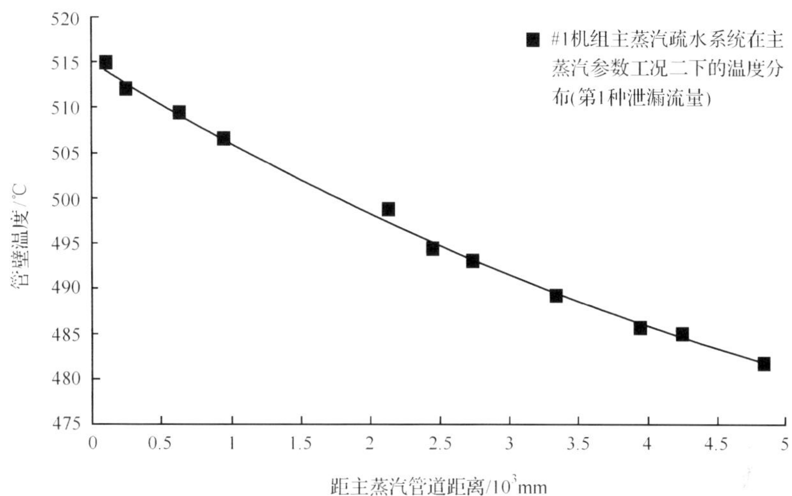

图 6.31　#1 机组主蒸汽疏水系统在主蒸汽参数工况二下的温度分布(第 1 种泄漏流量)

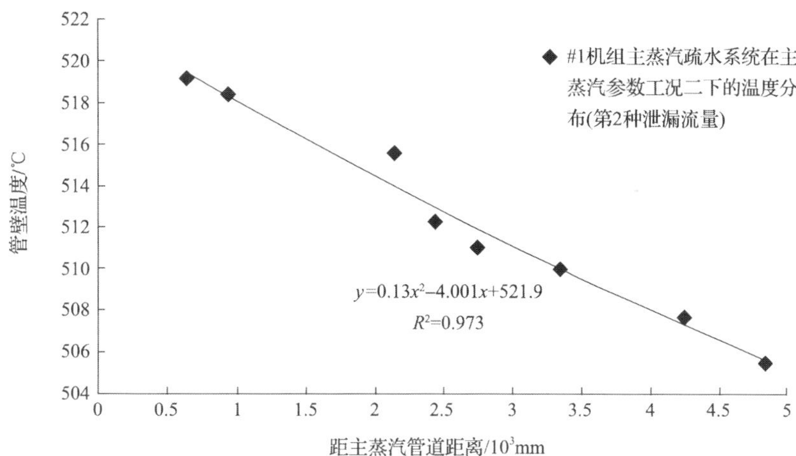

图 6.32　#1 机组主蒸汽疏水系统在主蒸汽参数工况二下的温度分布(第 2 种泄漏流量)

$$y_2' - y_4' = 13.3℃$$

$$\bar{y}' = 6.7℃/\text{m}$$

$$Q' = 30\text{kg/h}(Q' \text{为阀门泄漏流量})$$

理论与试验差值指标为

$$y_2 - y_2' = -1.6℃$$

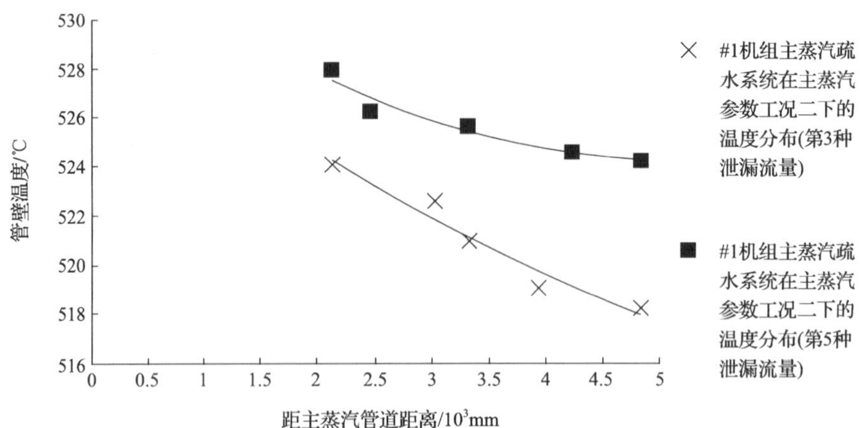

图 6.33 ♯1 机组主蒸汽疏水系统在主蒸汽参数工况二下的温度分布(第 3、5 种泄漏流量)

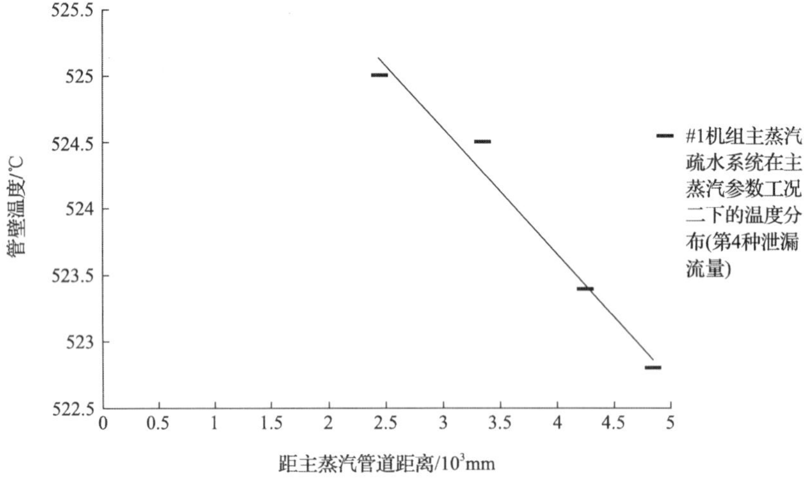

图 6.34 ♯1 机组主蒸汽疏水系统在主蒸汽参数工况二下的温度分布(第 4 种泄漏流量)

$$y'_4 - y_4 = -0.4℃$$

(2) 第 2 种泄漏流量下的疏水管道温度分布曲线描述方程为

$$y = 0.13x^2 - 4.001x + 521.9 \tag{6.41}$$

试验检测指标为

$$y_0 - y'_2 = 24.6℃$$

$$y_0 - y'_4 = 32.5℃$$

$$y'_2 - y'_4 = 7.9℃$$

$$\bar{y}' = 4.0℃/m$$

$$Q' = 58kg/h(Q' \text{为阀门泄漏流量})$$

理论与试验差值为

$$y_2 - y'_2 = 0.9℃$$

$$y_4 - y'_4 = 0.5℃$$

(3) 第 3 种泄漏流量下的疏水管道温度分布曲线描述方程为

$$y = 0.212x^2 - 3.811x + 531.7 \tag{6.42}$$

(4) 第 4 种泄漏流量下的疏水管道温度分布曲线描述方程为

$$y = -0.945x + 5274 \tag{6.43}$$

(5) 第 5 种泄漏流量下的疏水管道温度分布曲线描述方程为

$$y = 0.348x^2 - 3.615x + 533.6 \tag{6.44}$$

(6) 主要结论

通过对上述试验数据以及拟合公式进行分析,发现如下规律。

① 疏水管道温度沿长度方向的分布近似为三次曲线。泄漏流量越小,管壁温度沿长度方向下降速率(长度方向的温度梯度)越大;泄漏流量越大,管壁温度沿长度方向的下降速率(温度梯度)越小。管长 0m 和 2m 位置处的管壁温度差值,与泄漏流量成反比变化:无泄漏工况下差值大于 200℃,泄漏流量为 30kg/h 时差值迅速降至 41.4℃,泄漏流量为 58kg/h 时差值降至 32.5℃。

② 管长 2m 和 4m 位置处的管壁温度差值,与泄漏流量成反比变化:无泄漏工况下差值在 20～24℃,泄漏流量为 30kg/h 时差值为 13.3℃,泄漏流量为 58kg/h 时差值为 3.95℃。

为了方便查阅,将上述数据整理后列入表 6.8 中。

表 6.8　试验与理论计算检测指标对比

序号	Q'	$y_0 - y'_2$	$y_0 - y'_4$	$y'_2 - y'_4$	$\bar{y}'$	$y_2 - y'_2$	$y_4 - y'_4$
1	30kg/h	41.4℃	54.7℃	13.3℃	6.7℃	1.6℃	0.4℃
2	58kg/h	24.6℃	32.5℃	7.9℃	4.0℃	0.9℃	0.5℃

3) 主蒸汽参数工况三：主蒸汽压力 P=11.9MPa，主蒸汽温度 T=539.8℃

图 6.35 和图 6.36 为＃1 机组在主蒸汽压力 P=11.9MPa、主蒸汽温度 T=539.8℃时，疏水阀门不同泄漏流量下疏水管道管壁温度试验测试数据。

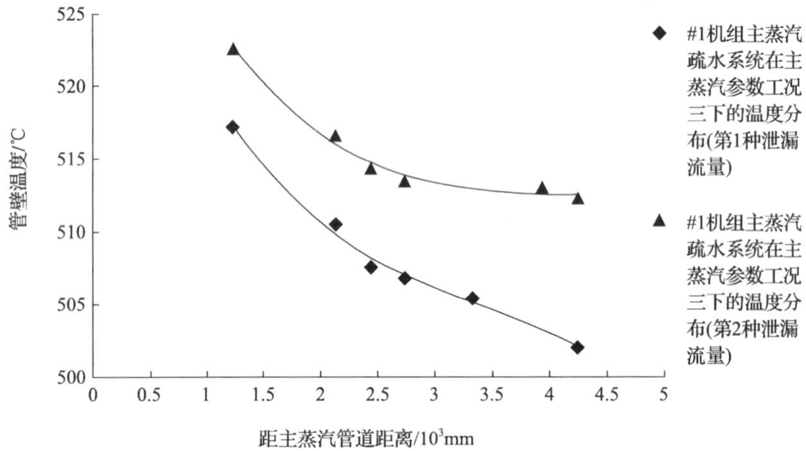

图 6.35　＃1 机组主蒸汽疏水系统在主蒸汽参数工况三下的温度分布(第 1、2 种泄漏流量)

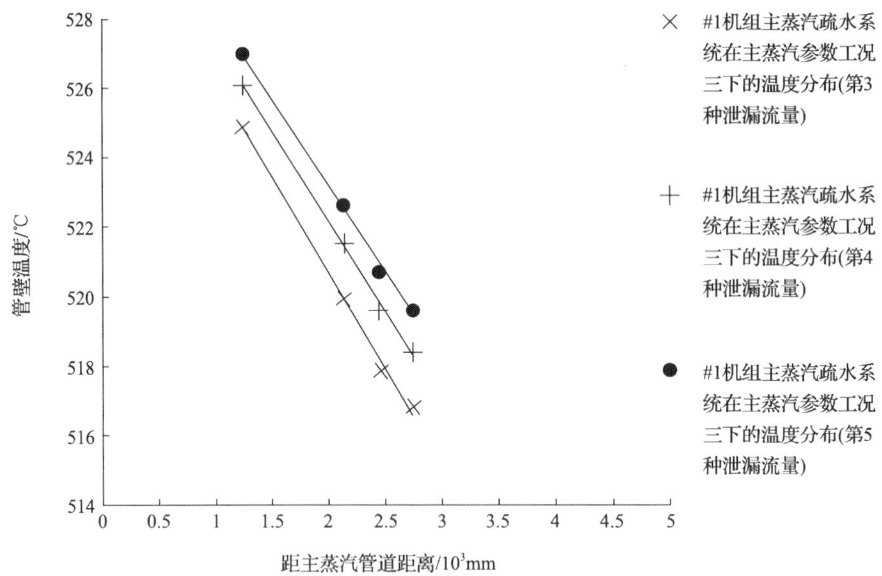

图 6.36　＃1 机组主蒸汽疏水系统在主蒸汽参数工况三下的温度分布
(第 3、4、5 种泄漏流量)

(1) 第 1 种泄漏流量下的疏水管道温度分布曲线描述方程为

$$y = -0.433x^3 + 5.756x^2 - 21.45x + 542 \tag{6.45}$$

试验检测指标为

$$y_0 - y'_2 = 29.3℃$$
$$y_0 - y'_4 = 37.8℃$$
$$y'_2 - y'_4 = 8.5℃$$
$$\bar{y}' = 4.3℃/m$$
$$Q' = 50kg/h(Q' 为阀门泄漏流量)$$

理论与试验差值指标为

$$y_2 - y'_2 = 2.3℃$$
$$y_4 - y'_4 = 1.2℃$$

(2) 第 2 种泄漏流量下的疏水管道温度分布曲线描述方程为

$$y = -0.617x^3 + 6.267x^2 - 24.11x + 538.7 \tag{6.46}$$

试验检测指标为

$$y_0 - y'_2 = 23.1℃$$
$$y_0 - y'_4 = 26.6℃$$
$$y'_2 - y'_4 = 3.5℃$$
$$\bar{y}' = 1.8℃/m$$
$$Q' = 73kg/h(Q' 为阀门泄漏流量)$$

理论与试验差值指标为

$$y_2 - y'_2 = 3.1℃$$
$$y_4 - y'_4 = 0.7℃$$

(3) 第 3 种泄漏流量下的疏水管道温度分布曲线描述方程为

$$y = -5.547x + 531.7 \tag{6.47}$$

(4) 第 4 种泄漏流量下的疏水管道温度分布曲线描述方程为

$$y = -5.214x + 532.5 \tag{6.48}$$

(5) 第 5 种泄漏流量下的疏水管道温度分布曲线描述方程为

$$y = -5.023x + 533.2 \tag{6.49}$$

为了方便查阅，将上述数据整理后列入表 6.9 中。

表 6.9　试验与理论计算检测指标对比

序号	Q'	$y_0 - y_2'$	$y_0 - y_4'$	$y_2' - y_4'$	$\bar{y}'$	$y_2 - y_2'$	$y_4 - y_4'$
1	50kg/h	29.3℃	37.8℃	8.5℃	4.3℃	2.3℃	1.2℃
2	73kg/h	23.1℃	26.6℃	3.5℃	1.8℃	3.1℃	0.7℃

6.5　本章小结

本章围绕基于管壁温度检测技术应用于蒸汽疏水关断阀门内部泄漏故障诊断问题开展理论研究和现场试验研究，取得了以下几个方面的成果。

(1) 以多层圆筒壁传热原理作为依据，对火电厂蒸汽疏水管壁温度场分布规律进行了分析，获得了计算管道温度场分布的物理模型与数学模型，可有效地解决疏水管壁温度场计算问题。

(2) 基于传热理论，以 MATLAB 软件作为疏水管壁温度场计算的软件开发平台，开发出疏水管道管壁温度计算软件，该计算软件可实现水与水蒸气物性参数计算、管壁温度场计算、微元管段出口参数确定等功能，为诊断疏水关断阀门内漏故障提供了计算工具。

(3) 借助上述计算软件，从理论上探明了多种因素对疏水管壁温度影响规律，在大量理论计算的基础上，提出两种计算疏水管道阀门无泄漏工况的温度分布的方法，两种方法虽然在原理上有较大差别，但计算结果比较接近。采用最小二乘法、线性回归方法等获得了疏水管壁温度与各影响因子之间的函数关系式，获得了阀门泄漏实时检测的判断依据。

(4) 以大唐华银金竹山电厂为依托，搭建了阀门泄漏诊断现场试验平台，考核了本章提出的疏水管壁温度计算方法与阀门泄漏诊断方法的准确性，试验结果表明，本章提出的计算方法与诊断方法具有较高的可靠性和准确性。

参考文献

[1] 袁镇福，吴骅鸣，浦兴国，等. 基于传热原理的电厂阀门泄漏量计算方法[J]. 动力工程，2004，24(5)：725-728.

[2] 中国石化集团兰州设计院. 管道压力降计算[S]. 北京：中国标准出版社，1999.

[3] 孔珑. 流体力学[M]. 北京：高等教育出版社，2000.

[4] 皮茨 D,西索姆 L. 传热学[M]. 葛新石,等译. 北京:科学出版社,2002.
[5] 伊萨琴科. 传热学[M]. 王丰,等译. 北京:高等教育出版社,1987.
[6] 沈维道,童钧耕. 工程热力学[M]. 北京:高等教育出版社,2009.
[7] 刘洋,李录平,孔华山,等. 基于传热理论的蒸汽疏水截止阀门内漏量计算方法[J]. 热能动力工程,2014,29(3):196-201.
[8] 刘洋,李录平,孔华山,等. 蒸汽疏水截止阀门内漏量定量诊断方法研究[J]. 热能动力工程,2014,29(5):309-313.
[9] 张志涌. 精通 MATLAB R2011a[M]. 北京:北京航空航天大学出版社,2011.

第7章　在用疏水关断阀内部泄漏温度诊断标准研究

7.1　概　　述

在工程实际中，火电机组在用蒸汽疏水关断类阀门普遍存在内漏问题，从而导致机组工作介质(蒸汽)的能量损失和机组经济性的降低。根据某省范围内的火电机组热力性能统计结果，发现72%的机组因存在疏水关断阀内漏而影响机组经济性的问题，其中疏水关断阀内漏影响汽轮机热耗率超过1%的机组占60%。根据热力计算结果，当200MW机组和300MW机组的蒸汽泄漏量达到主蒸汽流量的2%时，将使得机组煤耗率分别上升4.01g/(kW·h)和4.53g/(kW·h)。同时，电厂蒸汽疏水关断类阀门承受高温高压作用，如果关闭不严，则将遭受高温蒸汽的冲击和侵蚀，对设备和检修人员的安全构成威胁。

但是，由于阀门内漏的检查手段非常有限，目前阀门内漏问题绝大部分依靠传统的拆卸、检修和更换手段来解决。由于缺乏无损的、定量的阀门内漏检测和诊断技术，更缺乏相应的可行规范和标准，许多正常运行的阀门设备被不正常拆卸、检修和更换，结果造成多数阀门的过剩维修，不仅浪费大量的人力、财力和物力，而且不可避免地在拆卸检修过程中造成一些阀门的人为损坏。

本章根据工程实际的需要，在前面各章研究的基础上，探索建立一种能应用于工程现场的疏水关断类阀门内部泄漏判定标准。本标准的制定有利于蒸汽动力发电企业的蒸汽疏水关断类阀门内漏检测和诊断工作，为工程实践提供参照依据和规范指导，为火电厂减少泄漏造成的经济损失、提高设备运行效率及安全性提供必要的技术支持，给社会和企业带来可观的经济效益和社会效益。

7.2　标准编制原则和适用范围

7.2.1　编制原则

本标准的编写格式、表述规则依据 GB/T1.1—2009《标准化工作导则 第 1 部分:标准的结构和编写》的要求进行起草[1]。本标准的编制遵循技术先进、服务产业、试验验证、不断完善、便于实施的原则。

7.2.2　适用范围

本标准规定了蒸汽动力发电厂锅炉本体、汽轮机本体、蒸汽管道的疏水系统中的疏水关断类阀门内漏故障诊断方法和有关技术要求。

本标准适用于蒸汽动力发电厂范围内蒸汽温度大于 150℃的蒸汽管道、蒸汽联箱、蒸汽容器、汽轮机汽缸的疏水系统关断类阀门在机组正常带负荷工况下的内部泄漏故障检测与诊断。

本标准适用于疏水管道系统的下列参数范围:被诊断的阀门前疏水管道长度应不小于 4000mm;疏水管内径 D 范围为 25～110mm;疏水管壁厚度范围为 4～14mm;疏水管道的保温层材料选择和结构设计应符合 GB/T 4272 的规定要求。

7.3　标准中引用的主要术语及其定义

GB/T 4272、GB/T 12247 和 GB/T 12250 中界定的以及下列术语和定义适用于本章所陈述的疏水关断阀门内部泄漏故障诊断标准[2-4]。

1) 疏水系统(drain system)

输送和收集蒸汽动力循环发电厂各类汽水管道、锅炉和汽轮机本体疏水的管路系统和设备,其作用为:防止机组运行中由于管路聚集有凝结水而引起水击,使管道或设备发生振动,以及防止水进入汽轮机发生水击事故。

2) 蒸汽疏水关断类阀门(steam drain shut-off valves)

在电厂启动疏水系统中,当蒸汽凝结水及空气等不凝气体被排除后,阀门的关闭件完全闭合以阻止蒸汽通过疏水管道流出的阀门。

3) 疏水系统一次阀门(primary valve in steam drain system)

在疏水系统管道上较重要的管线上需要有隔断的地方设有一次阀门和二

次阀门，目的是更好地隔断和密闭蒸汽。按疏水的流动方向，最先流经的为一次阀门，随后流经的为二次阀门。

4) 疏水系统二次阀门(secondary valve in steam drain system)

二次阀是相对于一次阀来说的，它位于一次阀的下游。

5) 蒸汽疏水关断类阀门内漏(inner leakage in steam drain valves)

当蒸汽疏水关断类阀门的关闭件完全闭合后，疏水或蒸汽从阀门关闭件的一侧向另一侧渗漏、滴漏、流出等状态。

7.4 蒸汽疏水关断类阀门泄漏状态判断准则

7.4.1 蒸汽疏水关断类阀门内漏等级定义

根据疏水关断类阀门内部泄漏量的流量大小划分泄漏等级。依据泄漏量由小到大依次划分为四个等级：渗漏、微漏、一般泄漏、严重泄漏。

泄漏等级的定义见 6.3.1 节。

7.4.2 蒸汽疏水关断类阀门内漏等级定量划分

针对本标准适用的疏水管内径范围 25～110mm 的蒸汽疏水关断类阀门，疏水关断类阀门泄漏定量分级如表 6.1 所示。

7.5 蒸汽疏水关断类阀门温度检测技术要求

7.5.1 温度传感器技术要求

各类测温用热电阻或热电偶，只要所选择传感器的检测精度与测量范围符合本标准阐述的要求；各类非接触式红外测温仪或其他便携式测温传感器，只要其检测范围与精度符合本标准阐述的要求。

温度传感器的工作环境温度范围为－20～50℃；温度传感器检测范围为20～750℃；温度传感器测量精度允许误差为±0.5℃；温度传感器反应时间小于 0.5s。

7.5.2　温度测点选择与传感器的安装要求

1) 温度测点选择

根据本书第 6 章提出的“两点温度法”检测疏水关断类阀门内部泄漏故障的基本原理[5-9]，蒸汽疏水管道上温度测点布置见图 7.1。疏水管道的入口垂直段长度(L_1)不小于 500mm。在疏水管道上布置两个温度测点，其中第一温度测点与疏水管道入口距离(L_1+L_2)应为(2000±100)mm，第二温度测点距离第一个测点位置(L_3)为(2000±100)mm，且第二个温度测点距离一次疏水阀门的距离(L_4)应不小于 200mm。温度测点的选择应尽量避开附近的其他附加热源，否则应采取措施将附加热源造成的温度测点的温度测量偏差控制在允许误差 0.5℃以内。

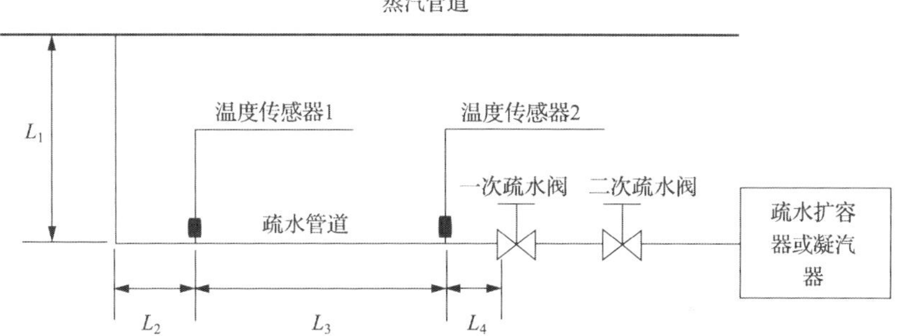

图 7.1　蒸汽疏水系统结构与温度传感器布置示意图

对于疏水被接入疏水集管的疏水系统，温度测点应该安装在蒸汽管道与疏水集管之间的管段，不能安装在集管之后的疏水管段。

2) 温度传感器安装

对于热电偶或热电阻式温度传感器，需按照说明书规定要求将传感器安装在选定位置处的管道外壁处，温度传感元件必须与管道外壁紧密贴合，补偿导线(或引线)及其保护套管周围需用管道同种隔热材料填充压实；传感元件输出信号通过导线传送到温度变送器，再将变送器输出信号送至温度检测仪表。

对于辐射式温度检测仪表，其传感器无须现场安装，只要在疏水管道选定的测点位置保温层上打孔，孔的直径大约为 10mm，保证该测量孔贯通至疏水管道的外表面。

7.5.3 蒸汽疏水关断类阀门温度检测工艺规程

1) 系统工况条件

对于机组的检测工况有如下要求。

(1) 机组负荷基本稳定。每分钟负荷波动量在±0.2%N_0 范围内(N_0 为机组额定负荷),同一检测工况下累计波动量不超过±0.5%N_0。

(2) 主蒸汽参数、再热蒸汽参数基本稳定。主蒸汽、再热蒸汽温度每分钟波动量在±1℃范围内,同一检测工况下累计波动量不超过±3℃;蒸汽压力每分钟波动量在±0.1MPa范围内,同一检测工况下累计波动量不超过±0.5MPa。

(3) 凝汽器真空基本稳定。凝汽器压力每分钟波动量在±0.1kPa范围内,同一检测工况下累计波动量不超过±0.5kPa。

(4) 疏水关断类阀门处于关闭位置,测试时离上次阀门操作的时间间隔应大于15min。

2) 检测人员资格

对于检测人员有如下要求。

(1) 熟悉发电厂的生产流程,掌握发电厂热力系统的结构和工作原理。

(2) 掌握热工检测的基本知识,熟悉检测数据的基本处理方法,能够熟练应用数据处理软件。

(3) 能正确地读取仪表数据,如压力计、温度计、温度传感器显示仪表。

(4) 拥有电厂点检员上岗证,具备现场数据检测的基本资质。

3) 检测条件

(1) 仪器条件:温度传感器、变送器、检测仪表均通过校验,确保其性能在本标准要求范围内;温度传感器按规定安装到位;传感器、变送器、检测仪表进行联合调试,仪表的读数准确、可靠。

(2) 检测人员:拥有本节规定的检测人员资格。

4) 检测程序

(1) 传感器、变送器、检测仪表校验。

(2) 测温点的布置。根据7.5.2节中陈述的温度检测点布置简图布置、安装测温点,并按GB/T4272检查管道保温情况。

(3) 传感器、变送器与显示仪表的连接、调试。

(4) 记录测温点温度数据和入口蒸汽温度数据。

(5) 计算疏水管道温度特征指标,进行定性诊断。若发现阀门"有泄漏",则进行如下(6)、(7)、(8)。

(6) 计算阀门在无泄漏工况和典型泄漏量工况下，疏水管道在测温点处的壁温理论值。

(7) 定量诊断阀门泄漏状态。

(8) 提出维修措施。

5) 检测记录与报告

建立检测记录，见表7.1，记录机组和疏水系统的基本数据和现场温度检测数据，分析报告被检测疏水系统的疏水关断类阀门状态。

表7.1　蒸汽动力发电厂疏水系统泄漏检测结果与分析报告表

发电厂名称：　　　　　　　　　　　　　　　　检测单位：

<table>
<tr><td rowspan="3">测试机组</td><td colspan="2">编号</td><td colspan="2"></td><td colspan="3">机组容量</td><td></td></tr>
<tr><td colspan="2">额定参数</td><td colspan="2"></td><td colspan="3">测试时蒸汽参数</td><td></td></tr>
<tr><td colspan="2">机组负荷/MW</td><td colspan="2"></td><td colspan="3">凝汽器真空/kPa</td><td></td></tr>
<tr><td rowspan="5">疏水系统</td><td colspan="2">名　称</td><td colspan="6"></td></tr>
<tr><td colspan="2">入口蒸汽参数</td><td colspan="6">MPa/　　℃</td></tr>
<tr><td colspan="2">疏水管内径/mm</td><td colspan="2"></td><td colspan="3">管壁厚度/mm</td><td></td></tr>
<tr><td colspan="2">一次阀型号</td><td colspan="2"></td><td colspan="3">二次阀型号</td><td></td></tr>
<tr><td colspan="2">蒸汽入口与一次阀的距离/mm</td><td colspan="2"></td><td colspan="3">隔热层厚度/mm</td><td></td></tr>
<tr><td rowspan="2">温度测点布置与仪器</td><td colspan="2">测点1距蒸汽入口距离/mm</td><td colspan="2"></td><td colspan="3">测点2距测点1的距离/mm</td><td></td></tr>
<tr><td colspan="2">温度传感器类型</td><td colspan="2"></td><td colspan="3">检测仪器名称</td><td></td></tr>
<tr><td rowspan="3">现场检测数据</td><td>测点</td><td>测量值1</td><td colspan="2">测量值2</td><td colspan="2">测量值3</td><td>平均值</td><td>备注</td></tr>
<tr><td>1</td><td></td><td colspan="2"></td><td colspan="2"></td><td>$\bar{t}_1=$</td><td></td></tr>
<tr><td>2</td><td></td><td colspan="2"></td><td colspan="2"></td><td>$\bar{t}_2=$</td><td></td></tr>
<tr><td rowspan="3">数据分析</td><td colspan="2">无泄漏工况测点温度特征值/℃</td><td colspan="4">$\Delta t_{0\text{-}1}=$</td><td colspan="2">$\Delta t_{1\text{-}2}=$</td></tr>
<tr><td colspan="2">实际工况测点温度特征值/℃</td><td colspan="4">$\Delta t_{0\text{-}1}=$</td><td colspan="2">$\Delta t_{1\text{-}2}=$</td></tr>
<tr><td colspan="2">泄漏等级诊断</td><td colspan="6"></td></tr>
<tr><td>测试日期</td><td colspan="3">年　月　日</td><td colspan="2">测试人员</td><td colspan="3"></td></tr>
<tr><td>分析日期</td><td colspan="3">年　月　日</td><td colspan="2">分析人员</td><td colspan="3"></td></tr>
<tr><td>说　明</td><td colspan="8"></td></tr>
</table>

7.5.4　蒸汽疏水关断类阀门内漏诊断流程

蒸汽疏水关断阀门内部泄漏故障的诊断流程如图 7.2 所示。

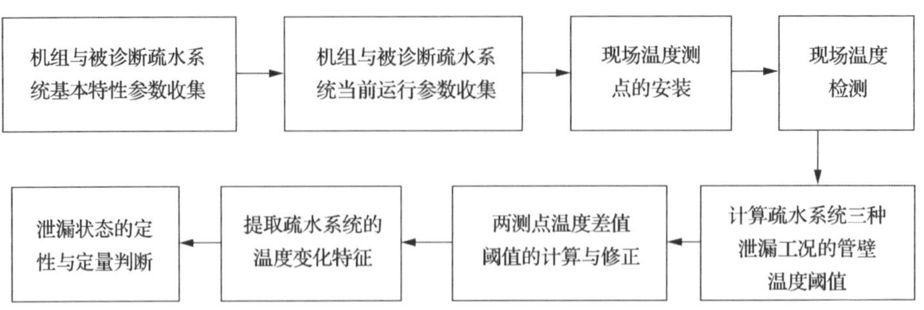

图 7.2　蒸汽疏水关断类阀门内部泄漏故障的诊断流程示意

1) 收集机组与被诊断疏水系统基本特性参数

收集机组的基本参数。确定被诊断疏水系统范围，收集被诊断疏水系统的相关结构参数，将相关参数填入记录表，参见表 7.1。

2) 记录机组与被诊断疏水系统当前运行参数

记录机组和被诊断疏水系统的当前运行参数，填入表 7.1。

3) 现场温度检测

按 7.5.3 节规定的检测程序进行检测。在进行温度检测之前，需维持机组运行工况基本稳定。然后分别测量疏水系统入口蒸汽温度 t_0、测点 1 管壁温度 t_1、测点 2 管壁温度 t_2 和疏水管道周围的环境温度 t_a。其中，入口蒸汽温度和环境温度可从机组的 DCS 系统取数据。在检测过程中，需对每个管壁温度测点测量三组以上数据，每一组数据均应在两个测点同时检测；且每一组数据的测量时间间隔不小于 1min。计算每个测点的平均温度，分别用 $\bar{t}_1$ 和 $\bar{t}_2$ 表示。将检测值和平均值填入表 7.1。

4) 提取疏水系统的温度特征指标

(1) 疏水系统入口蒸汽温度

疏水系统入口蒸汽温度用符号 t_0 表示，℃。

(2) 疏水系统环境温度

疏水系统环境温度用符号 t_a 表示，℃。

(3) 入口蒸汽温度与测点 1 管壁温度差值

入口蒸汽温度与测点 1 管壁温度差值用符号 $\Delta t_{0\text{-}1}$ 表示，$\Delta t_{0\text{-}1}=t_0-t_1$，℃。

(4) 测点 1 管壁温度与测点 2 管壁温度差值

测点 1 管壁温度与测点 2 管壁温度差值用符号 $\Delta t_{1\text{-}2}$ 表示，$\Delta t_{1\text{-}2}=t_1-t_2$，℃。

(5) 典型泄漏流量工况下的管壁温度计算

根据疏水系统的结构参数、入口蒸汽参数和环境温度参数，按照表 6.1 的泄漏分级假设泄漏流量，根据第 6 章提供的计算方法，计算出以下数据。

① 测点 1 的理论管壁温度

无泄漏工况的管壁温度：$t_{1\text{-}0}$，℃。

渗漏工况的管壁温度阈值：$t_{1\text{-s}}$，℃。

微漏工况的管壁温度阈值：$t_{1\text{-w}}$，℃。

一般泄漏工况的管壁温度阈值：$t_{1\text{-x}}$，℃。

严重泄漏工况的管壁温度阈值：$t_{1\text{-y}}$，℃。

② 测点 2 的理论管壁温度

无泄漏工况的管壁温度：$t_{2\text{-}0}$，℃。

渗漏工况的管壁温度阈值：$t_{2\text{-s}}$，℃。

微漏工况的管壁温度阈值：$t_{2\text{-w}}$，℃。

一般泄漏工况的管壁温度阈值：$t_{2\text{-x}}$，℃。

严重泄漏工况的管壁温度阈值：$t_{2\text{-y}}$，℃。

③ 两测点管壁温度差值阈值

渗漏工况的管壁温度差阈值：$\Delta t_{1\text{-}2}^{s}=t_{1\text{-s}}-t_{2\text{-s}}$，℃。

微漏工况的管壁温度差阈值：$\Delta t_{1\text{-}2}^{w}=t_{1\text{-w}}-t_{2\text{-w}}$，℃。

一般泄漏工况的管壁温度差阈值：$\Delta t_{1\text{-}2}^{x}=t_{1\text{-x}}-t_{2\text{-x}}$，℃。

严重泄漏工况的管壁温度差阈值：$\Delta t_{1\text{-}2}^{y}=t_{1\text{-y}}-t_{2\text{-y}}$，℃。

5) 疏水系统的泄漏状态定性判断

根据现场检测数据，可参照表 7.2 对蒸汽疏水关断类阀门是否存在泄漏进行初步定性判断。如果得到“有泄漏”诊断结论，则可根据本节第 6)部分的诊断规则，进行定量诊断。

使用表 7.2 对疏水关断类阀门进行泄漏定性诊断时，需要做如下几个方面的修正。

表 7.2 疏水关断类阀门内漏故障初步定性判断标准

入口蒸汽温度/℃	判断准则	
	无泄漏	有泄漏
>550	$\Delta t_{0\text{-}1}\geqslant$230.0℃，$\Delta t_{1\text{-}2}\geqslant$22.0℃	$\Delta t_{0\text{-}1}\leqslant$50.0℃，$\Delta t_{1\text{-}2}\leqslant$22.0℃
500～550	$\Delta t_{0\text{-}1}\geqslant$210.0℃，$\Delta t_{1\text{-}2}\geqslant$20.0℃	$\Delta t_{0\text{-}1}\leqslant$45.0℃，$\Delta t_{1\text{-}2}\leqslant$20.0℃
400～500	$\Delta t_{0\text{-}1}\geqslant$160.0℃，$\Delta t_{1\text{-}2}\geqslant$18.0℃	$\Delta t_{0\text{-}1}\leqslant$40.0℃，$\Delta t_{1\text{-}2}\leqslant$18.0℃
300～400	$\Delta t_{0\text{-}1}\geqslant$135.0℃，$\Delta t_{1\text{-}2}\geqslant$16.0℃	$\Delta t_{0\text{-}1}\leqslant$35.0℃，$\Delta t_{1\text{-}2}\leqslant$16.0℃
150～300	$\Delta t_{0\text{-}1}\geqslant$75.0℃，$\Delta t_{1\text{-}2}\geqslant$14.0℃	$\Delta t_{0\text{-}1}\leqslant$30.0℃，$\Delta t_{1\text{-}2}\leqslant$14.0℃

(1) 室温修正

被检测疏水系统管道周围(距管道表面 1m 处)室内温度高于 40℃时，表 7.2 中用于判断“无泄漏”的 $\Delta t_{0\text{-}1}$ 阈值需减小 2℃，用于判断“有泄漏”的 $\Delta t_{0\text{-}1}$ 阈值需增加 2℃；被检测疏水系统管道周围(距管道表面 1m 处)室内温度低于 10℃时，表 7.2 中用于判断“无泄漏”的 $\Delta t_{0\text{-}1}$ 阈值需增加 2℃，用于判断“有泄漏”的 $\Delta t_{0\text{-}1}$ 阈值需减小 2℃。

(2) 管道内径修正

表 7.2 的诊断阈值按内径为 50mm 疏水管给出，对于内径大于或小于 50mm 的疏水管道，诊断温度阈值需进行修正。

① 管道内径每增加 10mm，用于判断“无泄漏”的 $\Delta t_{0\text{-}1}$ 阈值增加 10℃；管道内径每减小 10mm，用于判断“无泄漏”的 $\Delta t_{0\text{-}1}$ 阈值减小 10℃。

② 管道内径每增加 10mm，用于判断“有泄漏”的 $\Delta t_{0\text{-}1}$ 阈值增加 4℃；管道内径每减小 10mm，用于判断“无泄漏”的 $\Delta t_{0\text{-}1}$ 阈值减小 4℃。

(3) 滑压运行工况修正

机组滑压运行工况下，当机组主蒸汽压力低于额定压力运行时，表 7.2 中用于判断“无泄漏”的 $\Delta t_{0\text{-}1}$ 阈值按蒸汽压力每降低 1MPa 增加 1℃进行修正，用于判断“有泄漏”的 $\Delta t_{0\text{-}1}$ 阈值按蒸汽压力每降低 1MPa 增加 1℃进行修正。

(4) 管壁厚度修正

表 7.2 的诊断阈值按管壁厚度为 10mm 疏水管给出，对于管壁厚度大于或小于 10mm 的疏水管道，诊断温度阈值需进行修正。

① 管壁厚度每增加 2mm，用于判断“无泄漏”的 $\Delta t_{0\text{-}1}$ 阈值增加 1℃；管壁厚度每减小 2mm，用于判断“无泄漏”的 $\Delta t_{0\text{-}1}$ 阈值减小 1℃。

② 管壁厚度每增加 2mm，用于判断“有泄漏”的 $\Delta t_{0\text{-}1}$ 阈值增加 6℃；管壁厚度每减小 2mm，用于判断“无泄漏”的 $\Delta t_{0\text{-}1}$ 阈值减小 6℃。

6）疏水关断类阀门泄漏状态定量诊断判断

以下的定量诊断，需要根据第 6 章提供的计算方法对疏水系统进行理论计算，获得无泄漏工况下疏水管道的温度分布，再依据管壁温度的检测值与无泄漏工况的管壁温度计算值之间的差值，来诊断疏水关断类阀门的泄漏等级[5-9]。

（1）无泄漏工况定量诊断规则

若满足 $\bar{t}_1 \leqslant t_{1\text{-}0}$ 和 $\bar{t}_2 \leqslant t_{2\text{-}0}$，则疏水关断类阀门无泄漏。

（2）渗漏工况定量诊断规则

若满足 $t_{1\text{-}0} < \bar{t}_1 \leqslant t_{1\text{-}s}$（或 $t_{2\text{-}0} < \bar{t}_2 \leqslant t_{2\text{-}s}$）和 $\Delta t_{1\text{-}2} \geqslant \Delta t_{1\text{-}2}^{s}$，则疏水关断类阀门处于渗漏状态。

（3）微漏工况定量诊断规则

若满足 $t_{1\text{-}s} < \bar{t}_1 \leqslant t_{1\text{-}w}$（或 $t_{2\text{-}s} < \bar{t}_2 \leqslant t_{2\text{-}w}$）和 $\Delta t_{1\text{-}2}^{w} \leqslant \Delta t_{1\text{-}2} < \Delta t_{1-2}^{s}$，则疏水关断类阀门处于微漏状态。

（4）一般泄漏工况定量诊断规则

若满足 $t_{1\text{-}w} < \bar{t}_1 \leqslant t_{1\text{-}y}$（或 $t_{2\text{-}w} < \bar{t}_2 \leqslant t_{2\text{-}y}$）和 $\Delta t_{1\text{-}2}^{x} \leqslant \Delta t_{1\text{-}2} < \Delta t_{1\text{-}2}^{w}$，则疏水关断类阀门处于一般泄漏状态。

（5）严重泄漏工况定量诊断规则

若满足 $\bar{t}_1 > t_{1\text{-}y}$（或 $\bar{t}_2 > t_{2\text{-}y}$）和 $\Delta t_{1\text{-}2} < \Delta t_{1\text{-}2}^{x}$，则疏水关断类阀门处于严重泄漏状态。

7.6　特殊疏水系统阀门内漏诊断逻辑

若疏水系统的管道系统布置结构特殊（包括疏水关断类阀门前的管道长度偏短，或疏水关断类阀门前有三通等），不能满足 7.5.2 节中规定的温度传感器安装要求，则需要在被诊断疏水关断类阀门的阀体上和阀门前后100～300mm 范围的管道外壁各安装一个温度传感器，按照图 7.3 规定的诊断逻辑来诊断阀门是否存在泄漏。

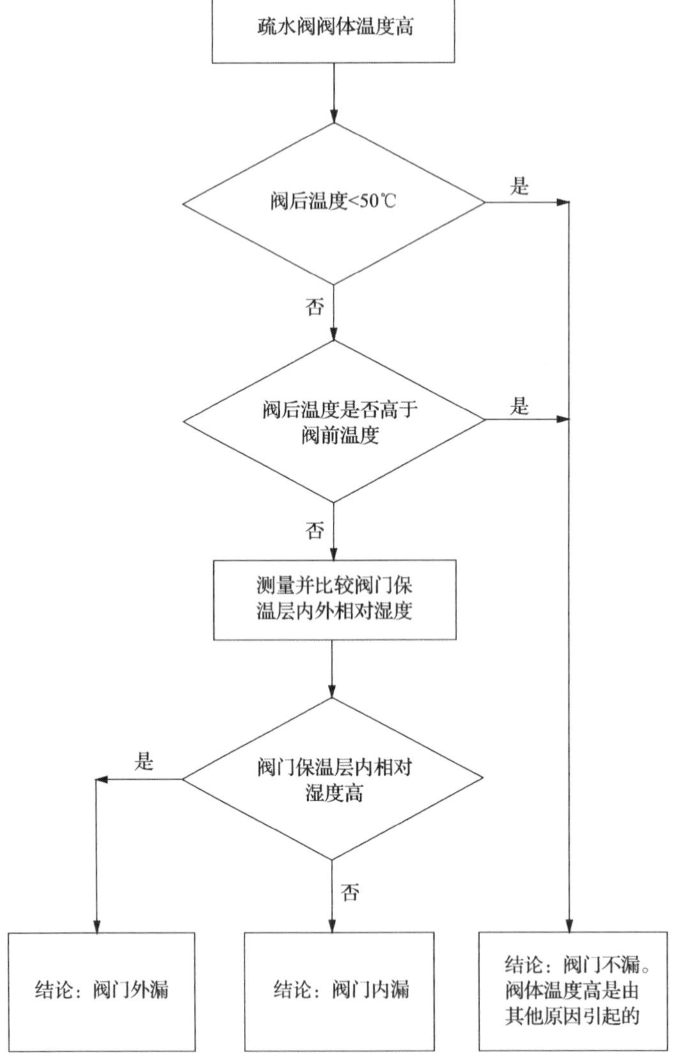

图 7.3 特殊结构疏水系统阀门泄漏定性诊断逻辑图

参考文献

[1] 全国标准化原理与方法标准化技术委员会. 标准化工作导则 第 1 部分：标准的结构和编写：GB/T1.1—2009[S]. 北京：中国标准出版社，2009.

[2] 全国能源基础与管理标准化技术委员会. 设备及管道绝热技术通则：GB/T 4272—2008[S]. 北京：中国标准出版社，2008.

[3] 中华人民共和国机械电子工业部. 蒸汽疏水阀 分类：GB/T 12247—1989[S]. 北京：中国标准出版社，1989.

[4] 中国机械工业联合会. 蒸汽疏水阀 术语、标志、结构长度：GB/T 12250—2005[S]. 北京：中国标准出版社，2005.

[5] 刘洋，李录平，孔华山，等. 基于传热理论的蒸汽疏水截止阀门内漏量计算方法[J]. 热能动力工程，2014，29(3)：196-201.

[6] 刘洋，李录平，孔华山，等. 蒸汽疏水截止阀门内漏量定量诊断方法研究[J]. 热能动力工程，2014，29(5)：309-313.

[7] 刘功春，李录平，黄章俊，等. 阀门不同泄漏工况下蒸汽疏水管道温度场分布规律模拟计算[J]. 汽轮机技术，2014，56(1)：43-46.

[8] 孔华山，刘洋，李录平，等. 基于蒸汽疏水阀管壁温度与内漏量诊断仿真研究[J]. 汽轮机技术，2015，57(3)：227-230.

[9] 吴丰玲，李录平，黄章俊，等. 火电机组疏水截止阀微小泄漏故障温度诊断方法及其应用[J]. 汽轮机技术，2015，57(5)：365-370.